# 高压电脉冲水压致裂
# 岩体机理及裂纹演化

鲍先凯　著

郑州大学出版社

**图书在版编目(CIP)数据**

高压电脉冲水压致裂岩体机理及裂纹演化／鲍先凯著. — 郑州：
郑州大学出版社, 2023.9
ISBN 978-7-5645-9731-3

Ⅰ.①高…　Ⅱ.①鲍…　Ⅲ.①煤岩-岩石破裂-裂纹
扩展-演化-研究　Ⅳ.①P618.11

中国国家版本馆 CIP 数据核字(2023)第 092702 号

高压电脉冲水压致裂岩体机理及裂纹演化
GAOYA DIANMAICHONG SHUIYA ZHILIE YANTI JILI JI LIEWEN YANHUA

| 策划编辑 | 袁翠红 | 封面设计 | 苏永生 |
| 责任编辑 | 杨飞飞 | 版式设计 | 苏永生 |
| 责任校对 | 崔　勇 | 责任监制 | 李瑞卿 |
| 出版发行 | 郑州大学出版社 | 地　址 | 郑州市大学路40号(450052) |
| 出版人 | 孙保营 | 网　址 | http://www.zzup.cn |
| 经　销 | 全国新华书店 | 发行电话 | 0371-66966070 |
| 印　刷 | 郑州市今日文教印制有限公司 | | |
| 开　本 | 787 mm×1 092 mm　1 / 16 | | |
| 印　张 | 12.75 | 字　数 | 304千字 |
| 版　次 | 2023年9月第1版 | 印　次 | 2023年9月第1次印刷 |
| 书　号 | ISBN 978-7-5645-9731-3 | 定　价 | 49.00元 |

本书如有印装质量问题,请与本社联系调换。

# 前 言
## Preface

　　我国煤层气、页岩气等非常规天然气储量丰富,有效开发利用非常规天然气,既可以增加新的洁净能源、改善能源结构,又可以减少煤矿安全生产事故、减少温室气体排放、保护大气环境、减少碳排放、应对气候变化。但是我国煤层气、页岩气具有低渗透性、抽采效率低、产量低的特点,特别是我国煤层气普遍具有"一高四低"的特征,即变质程度高及渗透率低、储层压力低、饱和度低、资源丰度低的特点。为进一步提高非常规天然气抽采效率及产量,在传统水压致裂的基础上,提出一种新型水力压裂技术——水中高压脉冲放电压裂岩体增透技术,探索一种易操作、低成本、高效率的非常规天然气增透、增产技术。

　　本书共分十章,主要是基于岩石力学、损伤力学、断裂力学、冲击动力学、液相放电技术、超声波检测及CT扫描技术等理论,通过实验室试验、数值模拟、理论分析等研究方法和手段,通过搭建水中高压电脉冲放电致裂煤岩体试验平台,研究水中高压脉冲放电机理、放电效应和产生的冲击波(水激波)、气泡脉动特性及对周围结构的作用机理等。希望研究成果可为我国低渗透性非常规天然气增透、高效开采探索一条新的技术途径。

　　本书在试验过程中得到了太原理工大学薛荣芳副教授、赵金昌副教授,师弟卞德存、闫东、贾少华、尹志强等人的大力支持和帮助,在此表示衷心感谢!感谢内蒙古科技大学曹嘉星、郭军宇、刘源、赵双、姜斌硕士在数值计算、图文编辑方面给予的大量帮助。

　　本书得到了内蒙古自然基金(2020LH05018)、企业横向课题(水中高压放电电极及导向槽开设装置研制,2023063)的资助,同时,感谢郑州大学出版社对本书出版给予的大力支持。

　　本书在撰写过程中广泛参阅了前人的研究成果和国内外有关文献,作者虽在书中力求注明出处,但难免遗漏,再次向所有文献的作者表示感谢,并对遗漏姓名的原作者致以诚挚歉意!

　　限于作者水平和时间,书中谬误疏漏在所难免,敬请广大读者批评指正。

作　者

2022 年 12 月

# 目 录
## Contents

# 第1章

# 绪　论

## 1.1　概　述

近年来世界能源供应日趋紧张,而能源需求却不断增长,煤层气、页岩气、致密砂岩气等非常规天然气作为对传统能源的有效补充,日益受到世界各国的重视。中国煤层气(煤矿瓦斯)资源极其丰富,是继俄罗斯、加拿大之后的第三大煤层气储量国,我国煤层气总储量为36.8万亿立方米,占世界总储量的14.2%[1]。页岩气在我国的存储量也非常丰富,经勘测可采储量全球排名第一,储量相当于520亿吨标煤[2],我国非常规天然气主要分布区及资源量预测见表1-1。

表 1-1　中国非常规天然气主要分布区及资源量预测

| 盆地(群) | 评价面积/($\times 10^4$ km$^2$) | 地质资源量/($\times 10^{12}$ m$^3$) | 可采资源量/($\times 10^{12}$ m$^3$) |
|---|---|---|---|
| 鄂尔多斯 | 10.88 | 9.86 | 1.79 |
| 沁水 | 2.71 | 3.95 | 1.12 |
| 准噶尔 | 3.46 | 3.83 | 0.81 |
| 滇东黔西 | 1.61 | 3.47 | 1.29 |
| 二连 | 3.48 | 2.58 | 2.10 |
| 吐哈 | 0.94 | 2.12 | 0.41 |
| 塔里木 | 4.06 | 1.93 | 0.69 |
| 天山 | 1.05 | 1.63 | 0.67 |
| 海拉尔 | 1.30 | 1.60 | 0.45 |

"双碳"战略背景下,全面推动能源产业改革,建立清洁能源产业体系已经成为"十四五"阶段我国经济社会发展的重要目标。随着国家绿色发展战略的提出,节能减排、污染物治理、应对气候变化就成了国家核心发展目标和核心发展政策之一。加大对煤层气、页岩气等非常规天然气的开发利用,不仅可以缓解我国资源短缺的情况,而且可以达到预防煤矿瓦斯突出和保护环境的目的。但是我国煤层气、页岩气具有低渗透性、抽采效率低、产量低的特点,特别是我国煤层气普遍具有"一高四低"的特征,即变质程度高及渗

透率低、储层压力低、饱和度低、资源丰度低的特点。为提高抽采效率,人工造缝是一种提高储气层渗透效率和增加产量的有效方法,通过人工造缝可实现岩石裂隙的扩展、发育、形成网络,为气体提供流动通道,从而提高抽采效率和产量。目前,常见的岩体人工造缝技术有无水压裂技术和水力压裂技术。无水压裂技术包括准干式 $CO_2$ 压裂技术、高功率激光压裂技术、液化石油气压裂技术等[3],还有聚能爆破致裂技术[4]、液氮冻融致裂增透技术[5]、液态 $CO_2$ 压裂煤岩增透技术[6];水力压裂技术除传统水力压裂技术以外,还有化学诱导压力脉冲定向压裂技术[3]、水力爆破致裂弱化与增透方法[7]、脉动水力压裂增透技术[8]、水中高压电脉冲压裂技术[9]等新型水力压裂技术。

以煤层气抽采为例,采用传统水力压裂过程中存在以下问题:起裂压力大,储层裂纹容易闭合,裂纹扩展困难[10],所用设备较为复杂[11],压裂过程中相邻裂纹在扩展过程中存在应力干扰,不能实现裂缝间均匀扩展等,特别是储层中三向应力较高,导致裂纹扩展克服外界压力更为困难,致裂成本高昂,难以达到较为理想的压裂效果[12]。为改善传统静水压裂过程中所存在的问题,提高非常规储层的开采(抽采)效率,相关领域专家[13]和学者纷纷采用动荷载水力压裂,利用动荷载的高峰值压力和荷载变化频率以脉冲波的形式传递到储层中,对岩体局部产生强烈扰动[14],促进裂缝网络充分发展,实现对储层的人工改造。常见的动荷载水力压裂形式有脉动水力压裂[15,16]、水压爆破压裂[17,18]、水下超声波压裂[11]和高压电脉冲水力压裂[19]等。其中高压电脉冲水力压裂具有水压爆破致裂和脉动水力压裂两种动载致裂的特点,同时还能避免水压爆破压裂过程中产生的污染物,并能实现多次脉冲致裂。

高压电脉冲水压致裂是在常规水压致裂基础上的改良,其原理是将液体中电极板的两极施加高电压,两极板间的水间隙瞬间被击穿形成等离子体电弧通道,这种强电能通道形成的同时,液体中会伴随着与围绕电弧环向脉动冲击波产生,这种脉动冲击波表现出极强的力学破坏特性(因此也被称为"电水锤"效应[20]),其携带的能量作用到煤岩体上形成冲击和振动效应,促进吸附状态的煤层气进一步解吸,还会使得煤层原有微小裂隙或其他缺陷张开产生新的裂隙并使它们互相贯通,形成相互关联的裂隙网,为瓦斯提供新的流动通道,水击波的振荡作用还会阻止裂缝的闭合。这种冲击特性在工程中已得到广泛的应用,例如,体外碎石[21]、矿石破碎[22]、金属除垢[23]、油气层解堵[24]等领域应用效果显著。研究者通过研究发现,水中高压放电可以通过改变放电电压实现不同作用强度的脉动冲击波产生、多次冲击,充分满足作业效果等特点。太原理工大学李义、赵金昌团队[25]通过改造真三轴压力机,加装电脉冲放电电极,将该技术拓展到岩体储层抽采技术中得以应用,实现钻孔液相高压放电激波脉冲致裂岩体技术。赵金昌、鲍先凯等[26]基于液电效应提出了高压电脉冲水力压裂增透煤层技术,该技术原理是利用静水压下水中高压电脉冲放电产生的水激波(冲击波),通过静水压在钻孔中形成脉动冲击,在煤层裂隙尖端形成水锤效应,使微细裂纹损伤断裂、发展、贯通,达到煤层气减阻增透、提高抽采效率的目的。上述学者在岩体损伤演化、激波破岩损伤机理等方面进行深入研究,作为一种创新性的物理致裂手段,该技术对储层油气的增产起到有效作用,但该技术应用过程中仍有许多问题需要解决。

本书围绕低渗透性非常规天然气抽采效率低这一技术难题,充分利用国内相关领域的基础理论和最新技术成果,在常规水力压裂技术基础上提出高压电脉冲水力压裂增透技术。从岩石材料的损伤断裂角度深入研究高压脉冲水力压裂煤岩体机理,结合煤岩体水压致裂的室内试验,对高压电脉冲水力压裂工艺参数进行分析,探索不同水压、围压和电脉冲参数对压裂增透效果的影响,建立数值分析模型,分析多场耦合作用下煤体裂隙场演化规律,探索煤体裂隙扩展控制方式。研究成果可为我国低渗透性非常规天然气高效开采探索一条新的技术途径。

## 1.2 国内外研究现状及存在的问题

### 1.2.1 水力压裂技术现状

目前,水压压裂技术已广泛应用于低渗透油、气田的开发、开采中,其基本原理就是利用高压泵组将大量清水或混入石英砂或其他支撑剂的压裂液压入煤体、岩体中,促使煤岩层打开,形成垂直或平行面层的裂隙,支撑剂充满裂隙,以便在裂隙停止发展时支撑住裂隙,使其不至于闭合,最终利用在钻孔周围形成的大量裂缝来提高储层的渗透性。

水力压裂技术最早于1947年在美国堪萨斯州大县 Hugoton 气田 Kelpper l 号井试验成功,由于增产效果十分明显,从此对压裂技术的研究和应用受到普遍重视,Gidley、Holditch 等[27]曾对此项技术做过综合研究。苏联在20世纪60年代开始进行井下水力压裂的试验研究,对卡拉甘达和顿巴斯两矿区的15个矿井的煤层进行了水力压裂,试验证明煤层压裂增透效果显著[28]。我国也于20世纪60年代开始了以油井解堵为目的的开展了小型压裂试验[29],70年代进入了大型水力压裂时期[30],80年代进入对低渗油藏改造时期并进行了水力压裂设计的优化设计[31]。同时期又先后在抚顺北龙凤、白沙红卫矿及焦作中马矿[32]等煤矿中进行了井下水力压裂试验,但受限于当时的加压设备能力,压裂效果并不十分明显[33]。90年代,人们进行了与水力压裂技术有关的多项研究,如研制了新型的压裂液和支撑剂[34],发明了各种仪器来测量压裂液的流变参数。李同林[35]运用弹性力学和材料强度理论,对煤层水压致裂机理进行了深入的认识和探讨,认为形成裂缝的关键因素是地应力及其分布、压裂液的性质和注入方式。姚飞、王晓泉[36]用损伤力学理论研究了裂缝端部的非弹性行为,认为在裂缝闭合时,只要存在净压力,裂缝就会继续延伸。

随着水压致裂理论的不断发展,人们开始应用多种方法和手段分析和研究低透气性煤层瓦斯的抽采和治理。B.W.MCDariec、Halliburton Services 等[37]首次进行了应用水力压裂技术抽采煤层气的数值模拟。杨天鸿、唐春安等[38]应用自主开发 F−RFPA2D 软件研究了均质、非均质煤岩体水压致裂过程,对比理论解验证了数值模拟软件的可靠性,为该问题破裂机制的研究提供一种新的分析方法和手段。Maguire−Boyle Samuel J.、Barron Andrew R.[39]通过现场试验和流固耦合软件分析研究了煤裂隙扩展过程、水力梯度演化、声发射现象和煤体应力随裂隙破裂扩展的变化规律。郝艳丽、王河清、李玉魁[40]根据煤层气试验井的施工资料,分析了煤层压裂施工压力的特点以及煤层埋深与破压梯度的关系,对煤层压裂形成的裂缝特点进行了分类和总结。张金成、王小剑等[41]介绍了动态(电位)法测定煤层压裂裂缝方位、长度等参数的测试技术,在室内进行了大量物理模型试验,并结合现场试验取得了一定的成果。Li Qian 等[42]提出了一种激发储层体积的树型水力压裂技术并进行了压裂模拟实验。与常规水力压裂的单孔相比,树型钻孔产生了径向和切向裂缝,形成复杂的断裂网络。树型压裂后的瓦斯渗流试验表明,渗透率大大提高。现场通过实施树式压裂后,抽气率比传统压裂高出 2.3 倍左右,在 30 天的试验中,回采率保持很长时间,这缩短了瓦斯抽放时间,提高了瓦斯抽采效率。实践证明,水力压裂在瓦斯抽采和治理方面效果很好,但是也暴露出一些问题。常规水力压裂设备体积庞大,结构复杂,所需注水流量大、压力大,同时高压封孔困难,压裂成功率较低;同时煤体较岩体硬度小,裂隙发育、物理力学性质呈现明显的各向异性,这些弱面所在平面与原岩应力场中主应力方向之间的空间位置关系不同,导致压力水在侵入其中的顺序和在其中的运动状态上也不一样,煤体水力压裂的裂隙扩展比常规岩石水力压裂模式要复杂得多。

为了进一步改善传统水力压裂效果,探索新的压裂技术,近年来出现了一些新型水力压裂技术。黄炳香[43,44]提出了水力爆破致裂弱化与增透方法,在水压控制爆破后进行水力致裂,试验证明是一种增加水压裂缝数目和范围的有效方法。翟成、李贤忠、林柏泉等[45,46]提出了将具有一定频率的脉动水持续注入钻孔中的煤层脉动水力压裂增透技术,分析了脉动水压作用下煤体的疲劳损伤破坏特点及高压脉动水楔压裂机理,研究结果表明,煤体原生裂隙在强烈的脉动水压力作用下,缝隙末端产生交变应力,煤体产生疲劳损伤破坏,煤体内部裂隙弱面扩展、延伸,形成相互交织的贯通裂隙网络。进一步工业试验表明,脉动水力压裂比普通水力压裂卸压增透效果明显,钻孔瓦斯抽采浓度和流量均有较大幅度提高。赵振保[47]采用变频脉冲式煤层注水技术,动、静压交替注水方式在煤层内部形成新的相互关联孔隙-裂隙网,取得了良好的煤层注水防尘效果。这些技术在一定程度上改善了煤层透气性,提高了瓦斯抽采效率,但是在理论分析、技术工艺和装备等方面还不是十分完善,需进一步研究。

## 1.2.2　水中高压放电技术现状

水中高压脉冲放电是指将预定的高电压事先充入电容器组中,然后通过水中放电电极瞬间将储能释放,在水中产生脉冲放电,形成等离子体放电通道贯穿两极,放电通道在内部高温高压的作用下向外膨胀,产生强大的冲击波,并且伴生有剧烈的声、光、电辐射,是实现电能向机械能转化的一种有效途径。

很早以前人们就注意到在水中放电具有很大的破坏力,1905 年 Swedbery 发现液相放电可产生强大的冲击波,1948 年法国的 Frungel 对这种冲击波进行了测量,从 20 世纪 30 年代至 50 年代,苏联科学家 Yutkin[48]等人对水中脉冲放电技术进行了系统地研究并且研制了设备,将其用于破碎、铸件清砂等生产中。此后,液中放电的研究进入迅速发展阶段,各国研究人员纷纷开展了对水中高压脉冲放电的研究。

为了进一步掌握和应用水中高压放电技术,人们对水中高压放电形式和放电机理进行了深入的研究。水中高压脉冲放电形式主要有电弧放电和电晕放电。水中电弧放电是放电电极间隙中的水分子被电离产生电子和离子,当间隙中离子浓度足够大时,间隙被电击穿形成电弧通道而发生的放电形式[49-51];水中电晕放电是电极周围产生极不均匀的电场,当电压升高到一定值时,由于水分子电离就会发生没有电弧通道的局部放电形式[52-54],它是高压放电的起始阶段。Naugdnykh 和 Roi 在 1966—1968 年间研究了脉冲电晕的特性、形成和发展。电晕是由加在电极上的高压形成的等离子体放电形成的一组先导,它与电压、电极的结构和极性、水的电导率有关。水中电晕放电与电弧放电机理明显不同,电晕放电是一过阻尼过程,无振荡,无二次放电,仅放电电极端部存在球形等离子体,不会贯穿两个电极,而电弧放电恰好与之相反。在放电机理方面,主要有先导或流注理论、热力击穿理论以及气泡导通理论等[55-57],但高压脉冲放电是一个复杂的电能、光能、声能、机械转化的过程,人们对它的认识还远远不够。Willberg 等人[58]认为水中脉冲放电脉冲前程短,脉冲宽度窄,因而在电场内不使离子加速的情况下,单使电子加速,形成无须屏蔽的高能自由电子,这些高能自由电子碰撞水分子,促进水分子激发裂解或电离,产生等离子通道,而这一过程会伴随着能量的转化和应力的产生。Randy M·Roberts,Jeffrey A.,Cook Robert L.,Rogers 等[59,60]对电弧放电机理进行了分析,并研究了气泡的水动力学过程、脉冲放电声学效率等问题。研究表明,在主放电阶段,电容器储能在极短的时间内在放电通道内形成高温高压等离子体并迅速向外扩张,从而使周围液体介质形成一个激波前沿,并以超声速向外传播,这就是水激波。这是电弧能量作用下产生的第 1 个压缩波,通常称为第 1 压力脉冲波。之后激波很快衰减为声波,压力脉冲也衰减为声脉冲。第 1 压力脉冲波既能反映水激波的加载特性,又与放电能量的大小具有密切的关系。中国科学院电工研究所的左公宁、孙鹞鸿等[61-64]是国内少数从事水中放电的机理研究的研究者,孙鹞鸿的研究表明,当静水压不变时,压力波峰值与能量随放电能量的增加而增大;当放电能量不变时,在所试验的范围内随着静水压的增加,压力波峰值没有大的变化;当静水压和放电能量不变时,沿井筒方向随着水听器与放电电极中心距离的增加,压力波峰值随之减小。左公宁用 1000 幅/s 的高速摄影机拍摄气泡变化过程,放电瞬间高压电极附近能形成多个气泡,气泡经历了膨胀、融合、收缩和消失的过程。他们的机理模型的定量化有许多成果,但大部分是基于试验性数据的拟合公式,或是基于经验性假设的推导,工程应用中很好用,但对于微观物质运动过程仍缺乏本质性的描述。近年来,卢新培等在前人的基础上做出了一些修正并提出了一个“更为实用的放电模型”,实际应用效果很好。卢新培等[65-67]研究了水中脉冲放电等离子体通道电阻与放电参数之间的关系,得到了等离子体通道电阻与电容量、初始电压、电极间距离的关系:电容量越大,初始电压越高,电极间距离越小,水中冲击波振荡周期数越多;当电极间距离一定时,初始电压越高,等离子体通道的电阻就越小。同时,由于水中放电等离子体通道内温度高、压力大,在这样的参数下,等离子体的状态方程已不能用理想气体状态方程来描述。

自 20 世纪 30 年代苏联的科学工作者们开始关注水中脉冲放电技术并将其应用于生产中,水中脉冲放电技术已经在工业、医学、军事等领域得到了广泛的应用,并且其应用范围还在不断扩大。主要体现在以下几个领域中。

### 1.2.2.1　水处理技术

高压放电水处理法是利用脉冲上升前沿陡、脉冲窄、峰值电压高的电源与电源负载即放电反应器相结合产生等离子体,达到将有机污染物去除的目的[68]。其基本原理是通过高能电子的冲击及电解作用,产生紫外线、臭氧、自由基等,然后利用它们之间的联合作用促进水中各种化学成分的反应达到将污染物去除的目的[69-71]。这种技术不仅对高浓度有机污染物有较好分解效果,也可对大流量、低浓度污染物进行分解。高压放电水处理法不但可以进行污水处理,而且可以去除水垢、杀菌消毒、印染废水处理等[72-74],因此,作为一种便捷、高效的水处理技术,水中脉冲放电技术正受到各国学者越来越多的关注,成为一种很有发展前途的一项技术。

### 1.2.2.2 液电成形技术

液电成形技术就是利用在液体中瞬时放电产生的冲击波加工零件并使其快速成形的一种放电技术。液中放电所产生的机械效应很早就被发现了,但很多人认为电能转化为机械能的效率太低,实用价值不大,直到20世纪50年代,苏联工程师Yutkin经过长时间的研究与探索,在液中连续放电完成管件胀形加工,并得到了利用液中放电产生巨大机械效应进行成形加工的方法,由此揭开了液电成形技术发展的序幕。相对于传统的冲压成形技术需要两个相匹配的模具,液电成形技术利用液体介质代替冲头,只需要凹模就可以完成加工,能够有效降低零件成形的成本。液电成形技术具有成形速度快、成形质量高以及能量易于控制,易于实现机械化和自动化的特点[75,76]。近年来,由于汽车、航天等制造业结构轻量化的发展趋势,以及对高强度难成形材料(如铝合金、镁合金、高强度钢等)的应用日益增加,液电成形技术再次引起科研人员的重视。DRisch等[77]利用传统冲压工艺相结合的液电成形技术对汽车门外板的拉手凹槽进行了成形,取得了较好的效果。近年来,液电成形技术不仅突破其出现伊始时只能成形小型零件的限制,而且有效缩短了成形加工的循环时间,并在多项领域取得实用性成果。但是,要推进液电成形技术在新材料加工、汽车制造和航空航天等领域的更广泛发展,仍需要科研人员对于液电成形技术总体过程进行深入的研究和分析[78]。

### 1.2.2.3 电火花震源

自20世纪20年代以来,人们利用地震勘探技术来勘探石油、煤炭、天然气、盐矿矿床等资源,特别是20世纪40年代以来,世界上所发现的大油田几乎都与地震勘探有关。但传统的炸药震源存在着诸多弊端,如安全性、不易控制、费用高,所以非炸药震源的研究和应用日益广泛,主要有锤击震源、震源(空气)枪、电磁驱动可控震源和电火花震源[79],其中电火花震源是利用大电流放电时在水中形成巨大的冲击波,冲击波通过液体和地层传播,最后被检波器接收来进行勘探的一种勘探震源。电火花震源勘探系统由高压电脉冲发生器和地震勘探专业接收器组成,其具有体积小、重量轻、适于车载移动并可耐受道路颠簸、激发可控、工作可靠、安全、维修方便,性能具有一定扩展性,易于满足地震勘探对震源提出的特殊要求等优点。它可以在海洋、深井、陆地激发,特别是在不允许使用炸药的地方,如居民区、水库中、堤坝附近均可照常使用[80,81]。除了用作地震勘探震源以外,电火花震源还可以用作垂直地震剖面测井、井间地震和振动采油用的震源[82]。国内电火花震源制造已经比较成熟,并形成了系列化的产品,如吉林大学国家地球物理探测仪器工程技术研究中心自行设计研制出国内第一台PHVS-500/1000型电磁驱动的轻便、高频可控震源,填补了国内的空白,技术也处于世界领先地位;中国石油东方地球物理公司自主研发的具有独立知识产权的、可控震源KZ-28用于陆地油气勘探过程中,地震波信号的激发在国内外油气勘探领域引起了非常好的反响[83]。

### 1.2.2.4 医学上体外冲击波碎石技术

体外冲击波碎石技术的基本原理是利用在水中发生高压强脉冲放电形成液电效应产生冲击波,当冲击波从人体外部传入人体内部并在人体内部的结石处聚焦,在反复冲击下结石逐渐碎裂。破碎后的结石粉末随尿液自行排出体外,从而使结石患者的结石症得到治愈[84,85]。早在 1969 年,苏联的科学家就提出利用冲击波粉碎人体体内结石的设想,尽管这种方法还是一种侵入式的治疗方法,但它却开创了高压强脉冲放电技术在医疗领域中应用的先例。1972 年,经过体外研究证明,在水中传播的冲击波能够粉碎离体的肾结石。1974 年,德国慕尼黑的泌尿外科医生 C. Chaussy、E. Schmiedt、F. Eisenberger 等[86-89]发现了利用金属半椭球形反射体可以对冲击波进行几何聚焦的技术原理,从而实现了冲击波的聚焦过程。1979 年,他们利用带有 X 射线定位系统的第一台碎石机,进行了大量动物实验。1980 年 2 月,在德国 Ludwing Maximillians 大学的泌尿科外科,由 C. Chaussy 等首次将德国多尼尔公司研制的 HM-1 型碎石机成功地用于临床,从而开创了泌尿外科史上的新纪元,实现了非侵入式治疗上尿路结石症的大胆设想。大大地促进了上尿路结石症治疗方法的进展,并推动了现代医学的发展。我国体外冲击波碎石术的研究工作是由中国科学院电工研究所和原北京医科大学附属人民医院合作于 1983 年率先开始的,在大量基础试验研究、离体结石的碎石试验和一系列伴行医学安全试验的基础上,于 1985 年 8 月 19 日利用自行研制的 E-8410 型实验样机取得我国第一例肾结石体外冲击波碎石手术的成功。从此以后各种不同系列和型号的碎石机在我国相继问世,推动了我国现代医学的发展[90-92]。

### 1.2.2.5 岩土工程领域的技术应用

随着人们对高压脉冲放电技术的研究,学者们发现可以用高压脉冲放电破碎岩石,其原理是在被破碎岩石表面覆盖绝缘液体(水或绝缘油,通常使用自来水),将放电电极与岩石紧密接触,在电极上施加适当高压脉冲时,岩石发生电击穿,在岩石内部形成等离子通道,通道膨胀爆炸就会导致岩石破碎[93,94]。国外 SELFRAG 公司最先研发出了商用的高压脉冲破碎设备,在采矿、资源回收和光伏行业硬性物料的破碎等工业领域已安装应用。国内研究机构研制的脉冲破碎装置大部分只作实验研究之用,尚无工业应用的先例,但刘俊、彭朝钊、何孟兵[95]研制了一款高压脉冲重频破碎装置,该装置结构简单,运行稳定,破碎效率高且使用过程对环境无污染,为矿物岩石破碎和资源回收等工业领域提供了新型的工具。高压电脉冲放电技术还可以进行桩基检测,方正忠、李达祥等[96,97]通过对桩基检测原理的数值分析以及现场试验证明了其理论的可行性和实际应用的可靠性。除此以外还可以利用高压脉冲放电产生的压力波对土体进行挤密,实现桩的扩孔,这样既可以提高桩的承载力,又可以提高锚杆的抗拔力等[98];通过放电还可以将水泥浆压入土体或墙体中,对土体地基、已有建筑物地基、堤坝、边坡等进行加固[99]。

### 1.2.2.6 石油开采领域中的应用

目前,为了提高油田原油的采收率,高压电脉冲放电作为一种低频电脉冲解堵工艺,广泛应用于油气井的解堵增产增注中。该技术设备包括充电升压装置、高压电容器及放电电极。其本质是通过在井下液体中高压放电,击穿放电间隙之间的液体介质,使液体汽化成温度高达数万度的等离子体通路,并高速扩张形成液压冲击波。在周期性冲击波作用下,井壁受剪切就会产生新的微裂缝,增强了原油的流通性,提高了油层的渗透率;同时爆炸产生的温度场也能降低原油黏度,也增加了原油的流动速度。

在油井解堵方面,化学解堵技术会对油层造成二次污染,也会对井下管壁等造成腐蚀,而高压脉冲放电解堵技术不会带来二次污染,现场施工操作简单,可重复利用,使用范围广。高压电脉冲放电技术作为一种油田开发的新技术,兴起于20世纪70年代,1975年苏联也开始研究该技术,1979年,鲹鲲油田曾在40口井用高压脉冲放电来造缝增产,其成功率为75%,一次处理的平均增油量为785 t/井次[100]。巴夫油田249井在进行热化学处理时,由于盐酸量不足,致使油层中残留镁粉,所以该井处理后产量由11 t/d降到8 t/d,而经高压电脉冲处理后,产量恢复到酸化处理时的投产水平。经过多年的努力,俄罗斯已经研制出很多可以出售的产品并已经作为俄罗斯等国家常规的解堵方法[101]。1995年宋建平等率先在我国开始研究电脉冲解堵技术,主要研究低频脉冲的技术指标和产生机理。1998年韩波等[102]研制的电脉冲解堵机在冀东油田进行了实地验证,结果表明原油产量提高了10倍左右。2002年陈建华等[103]设计的电脉冲解堵样机,经过实地的试验,结果表明电脉冲解堵技术适用于砂砾岩油层。此后西安交通大学、浙江大学在内的多所高校都开展了相应的基础研究,并取得了不错的试验结果,中国科学院电工研究所、中国地质科学院地球物理地球化学勘查研究所等科研院所也取得了一定的研究成果并实现了工业应用[104,105]。

高压电脉冲放电技术除在以上领域得到广泛应用外,在金属止裂[106,107]、电磁炮、模拟核爆炸、激光聚变等领域也有很好的应用。

页岩气、煤层气和致密砂岩气是天然气资源的重要组成部分,开发利用此类非常规天然气,可降低煤矿瓦斯突发事故,缓解天然气能源的供需矛盾,实现能源的可持续发展战略和保护人类的生存环境,经过30余年的勘探试验开发,我国非常规天然气开发进展显著,已步入规模化生产阶段,受高压电脉冲技术在油田开发解堵方面成熟应用的启发,将该项技术应用于岩层非常规天然气抽采领域。目前水中高压电脉冲增透抽采非常规天然气仍处于初期探索阶段,基础性研究、适应性设备研发缺乏。同时,页岩、煤岩等岩体是一种孔裂隙较多的双重孔隙介质,抗裂能力弱,水中高压放电产生的高强脉冲作用于岩体时,如果瞬时冲击波压力太大,会击碎钻孔附近围岩,碎粒堵塞孔裂隙,消耗冲击能量,使得裂隙扩展范围减小,岩层气得不到释放,浪费电能;如果瞬时冲击波压力太小,压裂范围小,岩层气释放、扩散的裂隙网络无法形成,抽采效果不佳。所以为获得理想的冲击压裂岩体效果,还需要从水中高压电脉冲压裂岩体过程深入研究影响压裂效果的因素,从液电效应机理、岩体损伤断裂机理出发,探索水中高压放电参数、能量与冲击波关系及冲击波特性;立足于岩石力学特征和受力特性,结合冲击断裂力学,探索裂缝起裂、扩展规律。

### 1.2.3 岩体水压裂纹损伤、断裂机理研究现状

在关于岩石类材料力学的研究中应用损伤力学最早是由Dougill J. W.[108]于1976年提出的,之后国内外学者以相应的损伤机理和基本理论为基础,建立了各种损伤模型。1980年,Grady D.E.和Kipp M.E.[109]提出了岩石爆破各向同性损伤模型(GK模型):岩体中的内生裂隙大部分服从双参数Weibull分布,并且提出了在爆破荷载作用下岩石的损

伤变量和本构方程;1986 年,Taylor L. M.等[110]结合 O'Connell 和 Budiansky[111](1976 年)提出的泊松比、裂纹密度与有效体积模量之间的关系式和 Grady 提出的碎块尺寸表达式,建立了裂纹密度和损伤变量的关系表达式,并最终建立了可以预报岩石在体积拉伸荷载下的动态响应的 TCK 模型;1987 年,Kuszmaul[112]以高密度条件下的损伤会导致微裂纹激活率降低为前提,结合岩石爆破各向同性损伤模型和 TCK 模型,提出了 KUS 模型;1990 年,Thorne[113]在 KUS 模型中考虑了裂纹激活数量引起的岩石体积的变化,增强了该模型在裂纹密度较高时的适用性;Huang C.等[114]结合微裂纹的动态扩展规律和损伤演化机理,提出了岩石在单轴压缩条件下的动态损伤本构模型,并推导了相应的求解方程组;Zuo Q.H.等[115]提出了一个考虑塑性变形的脆性材料动态损伤本构模型;Zhou X.P.等[116,117]提出了一个研究脆性岩石在动载下的微裂纹损伤机制及剪切局部化现象的微观力学模型;杨军等[118]基于 Kuszmaul 等的研究成果,利用分形理论提出了岩石爆破损伤的分形模型。

结合以上国内外学者在岩石损伤领域的研究,我国学者进行了一系列关于动态载荷下煤岩体的损伤演化理论研究:索永录[119]通过结合 TCK 模型和大煤样在爆破时的超动态应变测试试验,分析了煤岩体在预先弱化爆破时的宏观损伤规律;代高飞等[120]通过运用 CT 扫描技术观测分析煤岩体在单轴压缩作用下破坏过程,将煤岩体的损伤破坏程度分为 4 个阶段,并分别提出相应阶段损伤破坏程度的分布函数及本构模型;赵万春等[121]以岩体在水力压裂作用下的损伤理论为基础,提出了在水压致裂作用下的岩体基质孔裂隙渗流张量演化模型;王宁[122]研究了不同应力状态下煤岩体裂隙的起裂准则和损伤演化的力学模型;穆朝民等[123]以试验得出的煤岩体静动力学的应力-应变关系及其在动态载荷作用下的力学响应依据,改进了 ZWT 本构模型,最终获得了体现煤体损伤特征和应变率效应的本构方程;沈春明[124]依据物理相似模拟试验中监测得到的应力演化和数值模拟的结果,分析了切槽煤层在围压条件下内部应力、动态裂缝的演化过程及煤层切槽后的损伤演化规律;王向宇等[125]通过控制围压、加卸载轴压的三轴循环加卸载渗流试验,运用弹塑性材料的损伤变量分析了煤岩体在开采过程中受到扰动时,其损伤破坏过程中的能量演化规律;王恩元等[126]以统计损伤、岩石力学强度理论为基础,构建了煤岩体在动态载荷加载条件下的动态损伤本构模型;杨英明等[127]结合现场试验和有限元分析数值模拟的结果,分析了煤岩体的损伤机制在动静组合加载条件下受应力大小变化的影响,其中煤体损伤程度随轴力水平的升高而增加,且两者之间呈指数关系,随测压系数的升高而减小,两者之间呈对数关系。

如前所述,众多学者在借鉴前人在岩石和岩体损伤领域研究的基础上,通过实验室试验、现场试验及数值模拟等方式建立了动态载荷作用下煤岩体裂隙的起裂准则、煤岩体宏观损伤本构模型、损伤演化方程,分析了动态演化规律及损伤演化过程中各种因素与损伤变量的内在联系。以上的研究内容为高压电脉冲水力压裂煤岩体的细观损伤演化规律研究奠定了坚实的基础。

为了研究裂纹演化规律,断裂力学分析尖端应力应变场与控制材料裂纹起裂及扩展的断裂参数之间的关系,建立了裂纹扩展准则。Griffith[128]提出能量释放率准则,Irwin[129,130]从应力强度因子角度建立了材料的断裂准则,Rice[131]和 Cherepanov[132]基于理想线弹性力学,研究裂纹尖端应力应变场,提出了度量其尖端应力应变场强度的J积分,使得断裂力学迅猛发展,并被广泛应用于多种固体材料中裂纹扩展的研究,例如,金属、陶瓷、复合材料、混凝土及岩石等[133]。诸多学者对岩石中的水力压裂裂纹扩展演化规律进行了分析。黄荣搏[134]理论推导了水压作用下油气井壁裂纹的起裂、扩展机理。李宾元[135]把二维弹性孔板比作油气井筒,利用线弹性断裂力学理论分析油气井受水体压裂的力学原理,得出计算岩石破裂压力的计算公式。杨丽娜、陈勉[136]分析水力压裂过程中相邻双裂缝演化形态的相互干扰原因,建立了无限大介质中裂纹尖端应力强度因子的数学模型。程远方[137]研究了裂缝尖端塑性区对水力压裂裂纹延伸扩展过程的影响,发现缝尖小范围塑性区对水力裂缝的垂向扩展有一定的限制作用。曹平等[138]研究了水对岩石亚临界裂纹扩展规律的影响,得出水的存在使岩石I型断裂韧度降低,裂纹扩展速度加快。Shojaei[139]研究了储层多孔岩石中水力压裂裂缝的发展,建立了反映岩石不同破坏模式的连续损伤力学(CDM)本构模型。以上裂缝机理扩展研究都是基于准静态断裂准则的基础得出的,水中高压脉冲致裂岩体不仅有静水压力作用于裂缝尖端,还有动态冲击波的作用,因此还需要考虑动态作用的断裂准则。

材料在外部荷载的作用下,由裂纹萌生、裂纹扩展直至形成裂隙网最终断裂。按照不同的分类方法,将断裂分为以下几种:按塑性变形程度分类,有韧性断裂、脆性断裂;按断裂机理分类,有纯剪切断裂、微孔聚集型、节理断裂;按裂纹扩展途径分类,有穿晶断裂、沿晶断裂;按断裂面取向分类,有正断、切断。经典的线弹性断裂力学理论中常使用的断裂准则有最大周向应力准则(maximum circumferential stress criterion)、应变能密度因子理论(minimum strain energy density factor theory)以及最大能量释放率理论(Maximum energy release rate theory)[140-143]。唐世斌等[144]在考虑T应力的影响下对最大切向应力准则进行了修正,发现轴向压缩作用下,断裂过程区的半径越大,裂纹尖端越容易发生剪切破坏,并给出了关于剪切裂纹起裂的判断准则。Rinne[145]研究发现,对于脆性材料而言,在持续增加的荷载作用下,翼型裂纹在发生贯通和失稳扩展之前先发生稳态扩展,而岩石试样的破裂主要是大剪切裂缝的形成。裂纹在扩展断裂过程中往往会受到各种因素的干扰发生转向,最终形成十分复杂的裂纹网络,Chuprakov D. A.等[146]经研究发现,天然裂缝和水力裂缝相交时的相互作用主要与缝间净压力、地应力差值、相交角度以及天然断层的摩擦角等几大因素有关;李晓璇[147]依据线弹性断裂力学理论,利用连续性假设,计算了分支裂缝的能量释放率大小,并结合断裂韧性不连续模型建立了基于最大能量释放率理论的裂缝扩展转向模型;王志荣等[148]基于断裂力学、最大周向应力准则,分析了转向裂缝面复杂的应力边界条件,建立了裂缝转向起始与转向扩展模型。关于裂纹萌生、扩展、断裂成网机理的研究在不同领域均有一定成果,可见探索裂纹结构演化的重要性。通过对工程材料中的裂纹展开多方面的基础研究,分析裂纹萌生、扩展及断裂的规律,继而控制和提高煤岩致裂效果。

以上的理论研究大多基于几个预设的物理条件,但是在工程应用中,影响岩层裂缝形态的因素众多。从岩层自身特性来说,就有天然裂隙分布、基质性质、杨氏模量等储层地质学参数;施工工艺中的压裂液排量、携砂比、压裂液黏度等工艺参数;在地质因素方面,若不考虑构造作用的扭转与剪切影响,岩石还受三个方向的主应力,三向应力的分布又控制着裂缝的方位、倾角、高度和传导性,而且还影响着施工压力的大小。当前的水力压裂裂缝机理大多是以静态断裂力学为基础,视传统的水压致裂溶液为稳态流体,与水中放电产生冲击波这种非稳态流体注入、波动循环致裂岩体技术机理不同,因此需要立足于液电冲击波动态破岩的特点,结合裂缝形态的影响因素,探究该新型技术致裂机理。

### 1.2.4 岩体高压电脉冲水压致裂效果研究现状

岩体高压电脉冲水压致裂就是在常规水压致裂的基础上,在水中施以高压电脉冲荷载,利用高压电脉冲放电在水中形成振动效应及水激波,将水激波携带的能量作用到煤体上形成冲击作用,使得岩层原有裂隙张开并互相贯通,形成相互关联的裂纹网。众多专家学者在关于岩体高压电脉冲水压致裂效果方面做出了大量研究,并取得了一定成果。Wen Chen、Olivier Maurel 等[149]研究了致密油气藏在水压电脉冲作用下断裂损伤及渗透率的演化规律,为高压电脉冲水压致裂技术在煤层气的开采应用中奠定基础;尹志强[150]从理论及试验的角度研究了水中高压脉冲放电的液电特性及其对煤岩体的致裂效果,并且初步确立了将水中高压脉冲放电技术用于煤层气储层增透的可行性以及适合现场应用的放电参数;阚梦辉[151]通过监测超声波首波声时的变化分析了低渗透性煤体的电脉冲水压致裂效果;卞德存[152]利用 PFC2D 数值模拟软件,对不同波形等能量的冲击波单次、多次冲击岩体致裂效果进行了研究,结果表明,冲击次数及峰值的高低都对岩体的致裂效果有影响;贾少华[153]使用 RFPA-Dynamic 研究了波前时间对裂纹扩展的影响,研究表明,较短的波前时间产生数量较多的短小裂纹,而较长的波前时间则有利于裂纹长度的扩展;刘欢欢[154]主要在液态水环境下加入高压脉冲,发现煤体在水中经过电脉冲致裂后煤样孔壁以及周边裂隙数目明显增多,水中高压电脉冲技术对煤样有较好的增透效果;李培培[155]给出了液中脉冲放电的物理现象和成形规律,以及高压电脉冲放电致裂机理,解释了高压电脉冲技术应用于瓦斯抽放的可行性,同时从断裂与损伤的力学角度出发,确定了岩石裂纹扩展断裂力学模型,建立了动载脉冲作用过程中裂纹的起裂、扩展和止裂判据;付荣耀等[156]基于液电效应原理,采用高压电脉冲放电对模拟岩样及实际砂岩岩样进行了压裂试验研究,结果表明,高压电脉冲能够在岩样中造成非常明显的裂缝,且在多个方向上造出多条具有一定高度(最大 0.32 m)的裂缝,其中近井筒裂缝无明显的扭曲,裂缝的形态与放电电压、能量及放电次数有关。

以上大多在宏观尺度上对煤岩致裂效果进行分析评价,关于微细观尺度上的定量评价煤岩致裂效果的研究少之又少。近年来,鲍先凯等[157-161]针对高压电脉冲水力压裂法增透煤层气做出大量研究,通过实验室内对煤样进行相同静水压力、不同放电电压条件下的高压电脉冲水力压裂试验,利用超声波探伤仪和 CT 扫描技术进行了试验前后煤样宏、微观裂纹的分布、发育情况的观测。同时利用 CT 扫描系统和孔裂隙特征分析软件,通过研究煤样内部裂隙的几何形态参数、分形维数及裂隙宽度概率密度函数的变化,从细观尺度上定量分析了煤岩体在不同加载压裂方式下的裂纹扩展规律;周晓亭等[162]采用电脉冲应力波加载试验与微区观测手段对鄂尔多斯盆地肥煤样品微裂隙的发生发展过程及其影响因素进行了研究,表明在重复电脉冲应力波加载试验中,随冲击次数增多,微裂隙线密度增大。

### 1.2.5 裂纹三维重建研究现状

岩体中含有的大量裂纹对岩层气渗透与流通起着决定性作用,但裂纹网结构错综复杂,且其萌生判据及演化过程也难以精准描述,故随着科技的进步,许多学者对于裂纹的研究逐步由二维图像向三维结构体方向迈步,其中大多利用 CT 图像进行三维重构的方法。三维重构目前被应用于多个领域,其常用的方法有模拟退火算法,截断傅里叶变换算法,基于高斯随机场的重建方法及多点地质统计算法等[163],较为典型的方法有面绘制方法和体绘制方法。

面绘制的基本思想是利用三维医学图像数据构造出中间图元(如平面、曲面等),再利用传统计算机图形技术中明暗模型等技术消隐和渲染来显示图像,面绘制算法中最著名的是由 Lorenson 和 Cline 在 1987 年提出的 Marching Cubes 算法[164]。后来的学者不断地对其进行改进和应用,其中 Nielson G.M.等[165,166]提出了 Marching Cubes 算法的基础上发展起来的渐进线法。而体绘制方法是一种直接由三维数据场产生屏幕上二维图像的技术,其优点是可以探索物体的内部结构,可以描述非常定形的物体。其中最典型的算法 Ray Casting 算法,Tuy[167]等人于 1984 年就提出了光线投射的基本思想,并实现了对三维物体表面的直接体绘制。现阶段针对裂隙结构演化规律上的应用主要是借助图像处理软件利用面绘制方法和体绘制方法实现对岩石 CT 图像的三维重构,实现三维可视化。

三维可视化的前提需要对被研究的 CT 图像进行图像处理,图像处理主要包括图像增强和图像分割两个部分。图像增强的作用是消除噪声,减少背景因素干扰,提高图像重建质量。而图像分割是指把图像分成各具特性的区域并提取出感兴趣目标的技术和过程,这些特征可以是灰度、颜色、纹理等。马微[168]基于岩石薄片图像进行阈值分割处理得到三维重构使用的骨架与孔隙二值图,通过数字图像处理技术对岩石薄片图像的色彩空间进行分析,确定以空间的 Cr 分量作为阈值分割基础,对分割后的图像进行形态学处理,最终获得孔隙几何形态结构较好的训练图像。彭博等[169]为了实现对路面裂缝的识别,对路面裂缝图像进行图像增强和图像分割技术,提出综合考虑边界和区域特征消除纹理和噪声干扰、基于局部和全局信息设计优化识别算法和基于三维图像进行裂缝识别等研究展望,为裂缝自动识别算法的改进奠定了基础。

近阶段,利用三维重建结合数值模拟的方法在结构损伤及裂纹演化规律的研究越来越多。王占棋[170]基于 Mohr-Coulomb 破坏准则提出了岩体数值模型宏细观破损区域的量化方法,并对简单岩质边坡受力破损进行了模拟分析,依据位图的成图原理和 Matlab 处理图像的原理对模型损伤区域进行了辨识和提取,最终实现了损伤区域的三维重构;张洁莹[171]通过多张岩石 CT 二值图像进行三维重建,提取其三维孔隙结构的搜索算法,开发了一套可视化岩石细观损伤演化系统,以油页岩和泥岩为例,对油页岩在不同温度下和泥岩在外部荷载作用下的内部细观损伤演化过程进行了深入的研究与分析;张飞等[172]利用数字图像增强技术实现 CT 图像增强,并根据数字图像进行了对比度调整,然后根据数字图像分割技术提取岩石中的孔隙和裂隙,在此基础上,利用 Marching Cube 算法进行连续 CT 断层图像的三维重建,实现了岩石加载试验中不同阶段的裂纹分布的可视化;王登科等[173]采用 SLX-80 型高低温试验系统对原煤进行 4 种温差条件下的冷热冲击实验,利用工业显微 CT 系统对温度冲击前后的煤样进行扫描和裂隙结构的三维立体重建,基于 VG Studio MAX 图像分析系统建立了煤样清晰的裂隙可视模型,并对煤体裂隙结构演化特征进行量化表征;李果等[174]通过对煤岩试件进行常规三轴力学试验,并对破坏后的煤岩试件进行 CT 扫描,之后将处理过的 CT 图片导入 Mimics 10.01 进行三维重构,得到了煤岩试件内部裂隙的空间分布情况;张平等[175]利用高精度工业显微 CT,对采自安阳主焦矿的焦煤煤样进行精确扫描,利用 VG Studio MAX 图像分析软件,对煤心进行裂缝提取,并进行量化分析,表明该手段能可靠地反映真实煤心的内部裂隙结构,图像处理软件能够对煤样中错综复杂的裂隙网络进行精确表征;刘俊新等[176]采用高分辨率工业 CT 实时成像系统对单轴压缩试验条件下的页岩试样进行了扫描,利用图像处理技术对不同荷载水平的 CT 扫描图像进行处理,获得灰度平均值、孔隙率以及孔隙和裂纹三维重构坐标,在此基础上,对页岩的损伤变量、灰度图的分形维数以及孔隙和裂纹 3D 重建进行了研究;王本鑫等[177]对花岗岩开展了常规三轴压缩、卸围压-加轴压和分级卸围压-加轴压循环加卸载 3 种不同应力路径力学试验,并采用 CT 扫描三维重构技术获得了岩石卸围压过程中和破坏后内部裂隙分布三维图像,得到了一系列相关结论与规律。

以上研究,大多集中于对煤岩体宏观性质的研究,如进行煤的单轴压缩、三轴压缩等条件方面的试验研究,或结合数值模拟软件进行分析,且根据不同试验条件和目的建立了各种损伤模型、断裂模型等。同样有很多学者利用 CT 技术对煤岩等材料进行了大量研究,包括内部结构、内部裂纹提取、损伤演化规律等,但单一的 CT 扫描图片仅仅能反应煤岩某一层面的信息,二维图片缺乏了很多三维图片的空间上的信息反应,导致其很难直观完整的体现煤岩内部结构和变化。

综上所述,众多学者与专家通过对高压电脉冲技术及液电效应的研究,提出了高压电脉冲放电水压致裂煤岩机理,得到了相关的应力分布、裂纹扩展、裂纹应力等规律,均使煤岩内部孔隙和裂隙结构得到一定程度的改善,提高了煤岩的渗透性和煤层气的抽采率。但关于煤岩高压电脉冲水压致裂效果的研究大多处于利用试验系统和数值模拟手段进行的二维层面定性、定量评价,对裂纹结构具体的扩展演化规律(包括三维裂隙的空间形态参数、定量分析评价等)的研究仍需要深入探索。

## 1.3 主要研究内容

基于以上分析可知,由于我国非常规天然气赋存地质条件的特殊性和对气藏的贮存和运移可采规律认识的不足,因此急需各种合理的增产理论和技术应用到我国非常规天然气开发、开采中。借鉴水压致裂和高压电脉冲放电技术在各自的领域取得的巨大成就,借助它们在油气井压裂的成功经验,提出将水压致裂和高压电脉冲放电结合起来应用于非常规天然气抽采上,利用钻孔高压注水的良好传能特性,在静压注水的同时,在孔内实施高压电脉冲放电,对非常规天然气储层进行可控脉冲加载,在水压裂隙尖端形成水激波及其振动效应,裂隙在动载作用下,分叉、扩展,必定会在钻孔(或钻井,下同)周围形成多条放射状裂缝,贯通并延展储层自然裂隙,疏通气体流通扩散通道,减少运移阻力,进而达到减阻增透、增加透气性、提高非常规天然气抽采效率的目的。

本书以煤岩为试验压裂对象,以岩石力学、弹性力学、损伤力学、断裂力学、冲击波理论为理论基础,采用室内试验、数值分析等方法来进行基于水中高压电脉冲的岩体压裂机理、裂纹扩展、分布形态和增透效果研究。具体内容如下:

(1)水中高压脉冲放电机理及液电效应研究。研究水中高压脉冲放电机理、放电效应和产生的冲击波(水激波)、气泡脉动特性及对周围结构的作用机理。

(2)高压电脉冲水压作用下煤岩体裂隙起裂、扩展机理研究。研究钻孔内高压电脉冲水激波对煤岩体结构的作用机制,静水压力及脉冲激波压力协同产生的振动压力对煤岩体的作用机理,岩体裂纹损伤、断裂机理及裂纹起裂、扩展研究。

(3)电脉冲水力压裂实验系统与冲击波特征分析。自主研制了一套高压脉冲放电水力加压试验系统,配置了高压放电装置和岩体致裂效果监测、检测装置,制作煤岩体试样。进行水中高压电脉冲放电试验,研究不同放电距离、放电能量的水中高压脉冲放电冲击波力学特性。

(4)高压电脉冲水力压裂煤岩体试验研究。利用高压电脉冲水力压裂试验平台,对模拟地应力条件下煤岩样试件进行重复冲击放电压裂试验,利用内窥镜、超声波检测系统、声发射实时监测系统和 CT 扫描系统,研究大尺寸煤岩样的原生裂纹情况以及煤岩样在不同水压、电压条件下的裂纹发生、扩展、演化规律和破坏过程中超声波、声发射变化特征。分析不同放电电压、静水压力条件下煤岩样试件的压裂情况,分析试样产生宏观与微观裂隙的效果。

(5)高压电脉冲水压致裂煤岩体效果定量分析。对煤岩样 CT 扫描结果进行二值化处理,然后利用孔裂隙特征分析软件进一步获取裂隙的长度、宽度、裂隙率、条数等几何初步形态指标相关参数,从二维层面定量分析评价高压电脉冲水压致裂技术对煤岩体的致裂效果,进一步定量、直观评价致裂后煤岩体内部裂隙的几何形态和空间分布情况,准确分析致裂效果。

借助 Mimics 软件强大的三维重建和内部结构可视化功能,分析煤岩样在高压电脉冲水压致裂后裂纹的三维空间立体位置信息,计算三维裂纹的表面积、体积、结点数等几何参数,并进一步利用损伤变量、裂隙率、分形维数对水中高压电脉冲放电后的煤岩体致裂效果进行定量表征,从三维层面、定量地对致裂后的裂纹空间分布与形态和裂纹扩展演化规律进行全方面地分析研究。

(6)高压电脉冲水力压裂煤岩体单一裂纹演化特征。利用 ABAQUS 软件扩展有限元法(XFEM)进行钻孔水中高压电脉冲致裂岩体模拟,结合试验结果,进一步研究岩体裂纹断裂类型、应力强度因子、裂纹断裂韧度、复杂地应力分布、预设裂纹分布、压裂液黏度对单条裂缝起裂压力、扩展长度、扩展宽度和面积的影响规律。

(7)高压电脉冲水力压裂煤岩体裂纹三维扩展演化。利用 ABAQUS 建立三维数值模型,进行与试验条件相同的煤岩体高压电脉冲水力压裂试验,研究裂纹扩展宽度、应力变化,深入分析不同弹性模量、泊松比变化对裂纹扩展状态的影响和各试件的致裂情况,实现对煤岩体试件的立体裂纹扩展、形态变化分析与研究。

(8)高压电脉冲水力压裂工艺参数影响效应分析。利用 LS-DYNA 软件进一步分析煤岩样在不同静水压力、放电电压等压裂工艺参数条件下煤岩体的压裂效果,研究煤岩样在受力过程中的裂纹的产生、发育以及裂纹相互之间的贯通情况,揭示影响压裂效果的关键因素,进一步完善高压电脉冲水压压裂煤岩的理论体系。

(9)电脉冲水力压裂煤层工程模拟研究。利用 LS-DYNA 软件,结合工业现场煤岩层实际情况进一步进行数值模拟计算,通过数值模拟分析工业现场煤岩层中水中高压放电条件下煤岩体中的应力场分布情况和应力波的传播与衰减规律,分析该技术在不同地应力、不同类型煤岩的物理力学性质、不同水压、电压条件下的煤岩层增透、瓦斯抽采的应用效果,验证理论分析和试验结果,进一步分析评价该技术在工业现场煤岩层中的应用效果。

## 1.4 研究总体思路

首先,充分了解和掌握目前国内外煤层气、页岩气等非常规天然气增透技术现状,特别是水力压裂技术和高压放电技术的研究现状,分析了水力压裂技术在应用中的不足,提出了研究内容;其次,搭建高压电脉冲水力压裂试验平台,研制相关高压放电装置、水激波传递装置、地应力模拟加载装置,采制原煤岩并制作试件,配置试验效果检验、监测系统,保证相关试验顺利开展;再次,基于液电效应、流体力学、损伤力学、断裂力学等分析水力压裂煤体裂缝起裂、扩展的力学原理,在理论分析基础上,开展高压电脉冲水力压裂试验,分析评价不同水压,不同放电电压(能量)、放电次数,不同围压条件下煤体裂隙二维扩展、分布情况,三维空间网络分布情况和形成机制;再次,利用 ABAQUS 软件结合试验结果进一步研究岩体裂纹断裂类型,应力强度因子与裂纹断裂韧度,复杂地应力分布、预设裂纹分布、压裂液黏度对单条裂缝起裂压力、扩展长度、扩展宽度和面积的影响规律和裂纹三维分布状态及规律;最后,利用 LS-DYNA 软件分析煤岩样在不同静水压力、放电电压等压裂工艺参数条件下煤岩体的压裂效果,研究煤岩样裂纹的产生、发育以及裂纹相互之间的贯通情况,揭示影响压裂效果的关键因素。

在以上研究的基础上,通过模拟分析工程实际煤层,进而检验高压电脉冲水力压裂技术的工业性试验效果,达到提高瓦斯抽采效率、改善能源结构、保障矿井安全生产的目的。

# 第2章

# 液电效应及水中高压脉冲放电机理

在液体介质中高电压大电流脉冲放电具有液体介质里一般爆炸物质爆炸的特点,因此被称为液体中的电爆炸(或液电爆炸、液电效应)。电爆炸就是以电流形式快速向导体输入能量,使其迅速地发生相转变(固体—液体—气体等离子体)。高压电放电过程具有高能密度、高温和高压的动力特性,其产生的爆炸力(主要指冲击波)及流体动力参数接近于爆炸物质爆炸的结果[178]。而且液电爆炸还具有在技术上实施比较简单、操作方便,可以快速重复使用、工作安全可靠,以及一次投资与维护费用低等优点。本章将就液电效应、水中高压脉冲放电机理等内容进行研究。

## 2.1 液电效应

液电效应,即高功率脉冲电源对电极间隙内的水介质负载进行高电压、大电流的脉冲放电,所产生的物理、化学等多种效应的简称。高电压、大电流脉冲功率技术的本质是把较大的能量在空间和时间上进行集中压缩,使负载在极短的时间内积聚起极高的能量密度。在外界条件的控制下,存储的电能以 μs 脉冲的形式快速释放,电极间发生激烈的高压电弧放电,水介质发生离解和电离,产生了高温、高压的等离子体。因等离子体通道的骤然膨胀及液体介质的惯性约束,产生了迅速沿径向传播的机械冲击波。

液相放电破坏岩体是通过水中脉冲电弧放电产生激波,然后以水为传播介质作用于周围岩体,岩体受压力波的动态冲击发生破坏,其渗透性随裂纹损伤的演化而增大。脉动压力通过周围水体传播,作用于岩体孔壁,产生裂缝,并不断在岩体内部传播;此外,由于岩体内部存在不连续节理、裂隙及缺陷,使得脉动波在裂隙界面发生入射、反射,两种波相互叠加增大波的幅值,形成剪切波,使得原始裂隙张开;经过脉动冲击波的压缩剪切作用,使得岩体内部的裂纹累积、连通并最终贯通形成缝网。

## 2.2 水中高压脉冲放电机理

水中放电的物理过程基本上可以分为三个阶段:第一个阶段是击穿阶段;第二个阶

段是电容器能量向通道输入的阶段,即主放电阶段,或简称放电阶段;第三个阶段是放电后的气泡脉动阶段。

### 2.2.1　水的击穿

在高电压(10 kV 以上)作用下,水间隙的击穿过程就是先导产生和发展的过程,直到其中一个先导接通间隙,这个过程与气体击穿相似。为了产生先导,电极表面电场强度必须超过每厘米几十千伏的"阀"值。可以采用尖端-板或尖端-尖端电极,形成极不均匀的电场,以获得必要的最大场强。对于尖端-板电极,其最大场强可以按下式计算[179]:

$$E_{\max} = \frac{2U_0}{R \times \ln\left(1 + \dfrac{4h}{R}\right)} \tag{2-1}$$

式中:$R$——曲率半径,m;

$h$——尖端与板电极间距,m;

$U_0$——试验所加电压,V。

在低电压(10 kV 以下)情况下,电极尖端的场强达不到形成先导的临界值。这时,水的电导对放电的发生产生重要影响。实际上,液体电导在很宽的范围内变化:从自来水的 $10^{-4}\ \Omega^{-1} \cdot cm^{-1}$ 到海水 $10^{-2}\ \Omega^{-1} \cdot cm^{-1}$。由液体的离子电导理论可得液体介质的离子电导率与温度有关,当温度升高时,电导率增加,容易形成电流。在这种情况下,加在电极上的电压使液体介质中有传导电流流过,这一电流虽然不大,但它能使电极附近的水受到加热,并发生液体汽化,电极表面会出现气泡。结果在电极间隙易形成气体"小桥",沿着这个小桥进一步形成放电通道,发展为间隙击穿,导致电容器储能向该放电通道释放。在热力击穿情况下,击穿延时较先导击穿长,可达几毫秒,所谓的击穿延时是指在放电电极加上电压的瞬间与形成击穿放电通道之间的时间。

应该指出,流体电介质的击穿不论最终是由上述哪一个过程造成的,但触发液体介质击穿必须具备两个条件,初始电子的存在和足够高的电场。这两个因素促使碰撞电离过程能不断地发生和增长,直至贯穿电极间的液体。

### 2.2.2　水中高压脉冲放电

#### 2.2.2.1　冲击波的产生

在主放电阶段,放电通道内完全由稠密的等离子体充满,并由于高温辐射出很强的紫外线。由于高温加热的结果,放电通道内压力急剧升高,并以较高的速度(每秒几百米到上千米)迅速向外膨胀。从流体动力学的理论可知,放电通道急剧膨胀、不断压缩扰动周围的水介质,使周围液体介质里形成一个有关物理量跳跃变化的强间断面。这种扰动产生以后以压缩波的形式在水中做径向传播,具有陡峭波头的压缩波通常称为冲击波,或者水激波。冲击波即第一压力脉冲波,不但可以反映水激波的加载特性,而且与电容器的充电电能有密切联系。激波前沿表现为一个高速运动的高温、高压、高密度的曲面,即波阵面。

冲击波波阵面以超声速向外传播,图 2-1 为激波超压时程曲线,$AC$ 段为正压区,$CD$ 段为负压区。正压区作用时间 $t_w$ 是衡量激波强度的重要特征参数,对岩体的致裂效果的优劣起着重要作用,其中 $AB$ 段为压力上升区,对应波前时间 $t_r$,反映了测点位置激波峰值压力的上升速度;$BC$ 段为压力下降区,对应下降时间 $t_d$,反映了激波上升到峰值后的衰减速度。

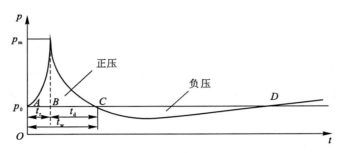

**图 2-1  典型激波超压时程曲线**

### 2.2.2.2  冲击波波速

冲击波在水中传播时会引起水的局部运动和压力的变化,在放电周围水的压力较大,随着波的传播,压力衰减,所以冲击波的压力与波的传播速度、位移有关,有必要对冲击波的波速进行研究。水中高压放电产生的水激波前沿表现为一个高速运动的高温、高压、高密度的曲面,即波阵面,其厚度为 $U_s \mathrm{d}t$,见图 2-2,由于传播速度很快,故可把其传播过程视为绝热过程。这样,我们可以利用质量、动量和能量三个守恒定律将波阵面通过前介质的初态参量(密度 $\rho_0$、压力 $p_0$、内能 $E_0'$、质量速度 $u_0$)与通过后介质跳跃到的终态参量(密度 $\rho_0$、压力 $p_0$、内能 $E'$、质量速度 $u_0$)联系起来来描述水激波传播速度 $U_s$,如图 2-2 所示。

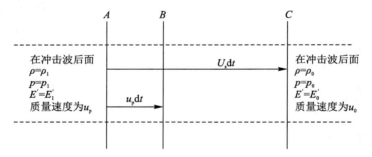

**图 2-2  水激波波阵面示意图**

由质量守恒方程可知,冲击波前所含的材料质量为 $\rho_0 U_s \mathrm{d}t$,现在所占有的体积为$(U_s - u_p)\mathrm{d}t$,质量为 $\rho_1(U_s - u_p)\mathrm{d}t$。于是有

$$\rho_0 U_s \mathrm{d}t = \rho_1(U_s - u_p)\mathrm{d}t \tag{2-2}$$

或者

$$V_1 U_s = V_0(U_s - u_p) \tag{2-3}$$

式中:$V_0 = \dfrac{1}{\rho_0}$,$V_1 = \dfrac{1}{\rho_1}$,其中 $V_0$、$V_1$ 分别为波阵面前后的水的比容,$\mathrm{m}^3/\mathrm{kg}$。

由动量方程可知,在时间 $\mathrm{d}t$ 内,材料质量的动量被净压力 $p_1 - p_0$ 加速到速度为 $u_p$ 时

的动量为 $\rho_0 U_s u_p$,故有

$$p_1 - p_0 = \rho_0 U_s u_p \tag{2-4}$$

由能量守恒方程可知,使冲击波所做功与该系统的动能和内能增加之和相等,即得

$$p_1 u_p \mathrm{d}t = \left[\frac{1}{2}\rho_0 U_s \mathrm{d}t u_p^2 + \rho_0 U_s \mathrm{d}t(E_1' - E_0')\right] \tag{2-5}$$

故有

$$p_1 u_p = \frac{1}{2}\rho_0 U_s u_p^2 + \rho_0 U_s(E_1' - E_0') \tag{2-6}$$

式(2-4)~式(2-6)总共包含 8 个参数( $\rho_0,\rho_1,p_0,p_1,U_s,u_p,E_1',E_0'$ )。如果假定 $\rho_0$ 、$p_0$、$E_0'$ 是已知的,最终将得到兰金-雨贡纽(Rankine-Hugoniot)关系式

$$E_1' - E_0' = \frac{1}{2}(V_0 - V_1)(p_1 + p_0) = \frac{1}{2}\left(\frac{1}{\rho_0} - \frac{1}{\rho_1}\right)(p_1 + p_2) \tag{2-7}$$

式(2-4)~式(2-7)都是"阶跃条件",即必须满足波前两边的材料参数。因此由初始状态($\rho_0,p_0,E_0'$)可得到状态($\rho_1,p_1,E_1'$)。

从质量和动量方程消去质点速度,即可得到冲击波的速为

$$U_s = \frac{1}{\rho_0}\sqrt{\frac{p_1}{V_0} - \frac{p_0}{V_1}} \tag{2-8}$$

从上述结果可见水激波速度 $U_s$ 与波前、波后压力 $p_0$、$p_1$ 有着关联性,水激波波阵面前后压力差越大,产生的波速越大。反之水激波波速越大,波阵面前后压力差越大,水激波对水介质周围结构物产生损伤危害越大。

### 2.2.2.3　冲击波压力

由于水激波在压力传递管道中的传播是一种复杂的紊流过程,期间会产生各流层流体之间剧烈的混掺,又由于波的振荡作用,使得测点位置的压力是一种振荡上升的过程。

根据津格尔曼的理论可得冲击波的波前最大压力与放电能量的关系为

$$p_m = \beta\sqrt{\frac{\rho_0 E}{\tau T}} \tag{2-9}$$

式中:$p_m$——冲击波的波前最大压力,MPa;

$\quad\quad\beta$——无因次的复杂积分函数,近似取 0.7;

$\quad\quad\rho_0$——液体的密度,kg/m³;

$\quad\quad T$——脉冲能量的持续时间,s;

$\quad\quad\tau$——波前时间,s;

$\quad\quad E$——放电通道单位长度的脉冲总能量,J。

可以由下式求得

$$E = \frac{E_{sp}}{d} \tag{2-10}$$

式中:$E_{sp}$——放电通道内考虑电容残余能量后的放电总能量,J;

$\quad\quad d$——放电通道的长度,mm。

其中,$E_{sp}$ 又可通过下式求得

$$E_{sp} = \eta W_{st} = \eta \frac{1}{2} CU^2 \qquad (2-11)$$

式中:$\eta$——电能的转化效率;

$C$——贮能电容器的电容量,F;

$U$——贮能电容器的放电电压,V。

另外,根据文献[153],可得波前时间为

$$\tau = \frac{p_0 l}{(p_1 - p_0) U_s} \qquad (2-12)$$

式中:$p_0$,$p_1$——波阵面前方未扰动区和波阵面后扰动区的压力;

$l$——分子平均自由程;

$U_s$——水激波波速,m/s。

将式(2-10)、式(2-12)代入式(2-9)中就会最终得到冲击波的波前最大压力为

$$p_m = \beta \sqrt{\frac{\rho_0 \eta CU^2 (p_1 - p_0) U_s}{dp_0 lT}} \qquad (2-13)$$

根据基尔乌特(КЦРКВУД-BETE)理论,在点电源放电时,冲击波波阵面将以球面波的形式传播,激波峰值压力随距离的增大呈指数衰减。某一测点处的激波压力为

$$p_1 = p_m e^{-\frac{\gamma r}{U_s}} = \beta \sqrt{\frac{\rho_0 \eta CU^2 (p_1 - p_0) U_s}{dp_0 lT}} e^{-\frac{\gamma r}{U_s}} = \beta U \sqrt{\frac{\rho_0 \eta C (p_1 - p_0) U_s}{dp_0 lT}} e^{-\frac{\gamma r}{U_s}} \quad (2-14)$$

式中:$p_m$——放电通道内冲击波的波前最大压力,Pa;

$\gamma$——衰减系数;

$r$——测点位置距放电通道的距离,mm;

$U_s$——水激波波速,m/s。

所以压力管道内任意一点处的最终压力为冲击波压力与水的静水压力的叠加,即

$$p_s = p_1 + p_0 = \beta U \sqrt{\frac{\rho_0 \eta C (p_1 - p_0) U_s}{dp_0 lT}} e^{-\frac{\gamma r}{U_s}} + p_0 \qquad (2-15)$$

由以上的分析可得,水激波的峰值压力决定于贮能电容器的电容、放电电压等放电参数,也与水激波速度和水中静水压力有密切关系。水中任意一点的冲击波压力与峰值压力,与测点位置、冲击波波速均有关。而压力管道内任意一点处的最终压力为冲击波压力与水的静水压力的叠加,水中压力增大幅度较大。

### 2.2.2.4　冲击波能量

水中高压放电冲击波的能量是电容器放电能量减去用来电离空气和发光的能量之后水中高压放电以后的剩余部分,其值占到总能量的50%以上,其余能量由脉动气泡携带[180]。这些能量不是瞬间传遍全流场,而是以压力波的形式逐步地向外传播,是时间的线性函数,以压力波的形式向流场提供,因此,冲击波的能量与传播的距离、传播的时间、波头压力等有关[181]。

贮能电容器放电能量的大小决定冲击波的能量,单次放电能量为

$$E = \frac{E_{sp}}{d} = \frac{\eta \frac{1}{2}CU^2}{d} = \frac{\eta CU^2}{2d} \qquad (2-16)$$

式中：$E$——放电通道单位长度的单次放电总能量；

　　　$E_{sp}$——放电通道内考虑电容残余能量后的放电总能量；

　　　$d$——放电通道的长度；

　　　$\eta$——电能的转化效率；

　　　$C$——贮能电容器的电容量；

　　　$U$——贮能电容器的放电电压。

　　于是冲击波的能量可由下式表示

$$E_s = \frac{K_1 \pi R^2}{\rho c} \int_0^{6.7\tau} p_1(t)^2 \mathrm{d}t \qquad (2-17)$$

式中：$E_s$——冲击波能量；

　　　$p_1(t)$——冲击波压力，见式（2-14）；

　　　$K_1$——经验系数，一般取 4；

　　　$\tau$——冲击波波前时间，见式（2-12）；

　　　$t$——冲击波的时间；

　　　$R$——电极到压力传感器的距离；

　　　$\rho$——水的密度；

　　　$c$——水中声速。

#### 2.2.2.5　冲击波的传播（在水-岩分界面的反射与折射）

　　岩体中含有许多天然缺陷（节理、裂隙、空洞等），破坏了岩体完整性，地层水渗入缺陷中，使岩体处于饱和状态。冲击波离开电极后，进入水体，由于水体内部仅存在纵向弹性力，不存在横向的弹性力，故而无法传递横波，只能传递纵向的压缩波（纵波）。纵波基本会在水中沿着径向传播，进入岩体，纵波在岩石内部传播时，其传播方向一般与水-岩分界面（裂纹面）存在夹角，斜射到分界面，发生反射、折射及波形转变[182]，促进岩体破碎。纵波在两种不同介质中传播的情形如图 2-3 所示。当波 $P_1$ 由水体入射到岩体时，不会产生反射横波 $S_1$，产生反射纵波 $P_2$、折射纵波 $P_3$ 和折射横波 $S_2$；当波 $P_1$ 由岩体入射到水体时，产生反射纵波 $P_2$、反射横波 $S_1$ 和折射纵波 $P_3$，不会产生折射横波 $S_2$。

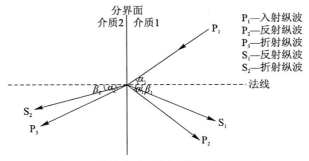

图 2-3　纵波在水-岩交界面的入射情形

设介质 1 的密度为 $\rho_1$,介质 2 的密度为 $\rho_2$,入射波 $P_1$ 的波幅、入射角和波速各自为 $A_1$、$\alpha_1$、$c_1$;反射波 $P_2$ 的波幅、反射角和波速各自为 $A_2$、$\alpha_1$、$c_1$;反射波 $S_1$ 的波幅、反射角和波速各自为 $A_3$、$\beta_1$、$c_2$;折射波 $P_3$ 的波幅、折射角和波速各自为 $A_4$、$\alpha_2$、$c_1'$;折射波 $S_2$ 的波幅、折射角和波速各自为 $A_5$、$\beta_2$、$c_2'$。假设裂纹周围都是均匀的弹性连续介质,则两种介质分界面上质点的位移和应力都连续,可得纵波入射时所遵循的规律[183],如式(2-18)。

$$\left.\begin{array}{l} \dfrac{\sin \alpha_1}{c_1} = \dfrac{\sin \alpha_2}{c_1'} = \dfrac{\sin \beta_1}{c_2} = \dfrac{\sin \beta_2}{c_2'} \\[2mm] (A_1 - A_2)\cos \alpha_1 + A_3\sin \beta_1 - A_4\cos \alpha_2 - A_5\sin \beta_2 = 0 \\[2mm] (A_1 + A_2)\sin \alpha_1 + A_3\cos \beta_1 - A_4\sin \alpha_2 + A_5\cos \beta_2 = 0 \\[2mm] (A_1 + A_2)c_1\cos 2\beta_1 - A_3c_2\sin 2\beta_1 \\[2mm] \quad - A_4 c'\left(\dfrac{\rho_2}{\rho_1}\right)\cos 2\beta_2 - A_5 c_2'\left(\dfrac{\rho_2}{\rho_1}\right)\sin 2\beta_2 = 0 \\[2mm] \rho_1 c_2^2\left[(A_1 - A_2)\sin 2\alpha_1 - A_3\left(\dfrac{c_1}{c_2}\right)\cos 2\beta_1\right] \\[2mm] \quad - \rho_2 c_2'^2\left[A_4\left(\dfrac{c_1}{c_1'}\right)\sin 2\alpha_2 - A_5\left(\dfrac{c_1}{c_2'}\right)\cos 2\beta_2\right] = 0 \end{array}\right\} \tag{2-18}$$

若 P 波沿着分界面的法线入射时,入射角 $\alpha_1$ 为 0°,折射角 $\alpha_2 = 0°$,由式(2-18)可得 $A_3 = A_5 = 0$,不会产生反射横波($S_1$ 波)和折射横波($S_2$ 波),此种情况下,反射纵波 $P_2$ 的振幅 $A_2$ 和折射纵波 $P_3$ 的振幅 $A_4$ 分别为

$$\left.\begin{array}{l} A_2 = A_1 \dfrac{\rho_2 c_1' - \rho_1 c_1}{\rho_2 c_1' + \rho_1 c_1} \\[3mm] A_4 = A_1 \dfrac{2\rho_1 c_1}{\rho_2 c_1' + \rho_1 c_1} \end{array}\right\} \tag{2-19}$$

冲击波纵波为一维膨胀波,作用于分界面,其上应力连续及质点速率在每一瞬间都相等,可用数学表达式表示为

$$\left.\begin{array}{l} \sigma_I(x,t) + \sigma_R(x,t) = \sigma_T(x,t) \\[2mm] v_I(x,t) + v_R(x,t) = v_T(x,t) \\[2mm] \sigma = \pm\rho c v \end{array}\right\} \tag{2-20}$$

式中:$\sigma_I$——入射波 $P_1$ 应力,Pa;

$\quad \sigma_R$——反射波 $P_2$ 应力,Pa;

$\quad \sigma_T$——折射波 $P_3$ 应力,Pa;

$\quad v_I$——入射波 $P_1$ 速率,m/s;

$\quad v_R$——反射波 $P_2$ 速率,m/s;

$\quad v_T$——折射波 $P_3$ 速率,m/s。

将式(2-19)中的幅值替换为应力,可由式(2-20)推导出

$$\left.\begin{array}{l} \sigma_{R} = \dfrac{\rho_{2}c_{1}' - \rho_{1}c_{1}}{\rho_{2}c_{1}' + \rho_{1}c_{1}}\sigma_{1} = \lambda_{1>2}\sigma_{1} \\[3mm] \sigma_{T} = \dfrac{2\rho_{2}c_{1}'}{\rho_{2}c_{1}' + \rho_{1}c_{1}}\sigma_{1} = (1 + \lambda_{1>2})\sigma_{1} \end{array}\right\} \tag{2-21}$$

式中：$\lambda_{1>2}$——一维纵波在不同介质分界面处产生的反射率。

由式（2-21）可得以下结论：当分界面两侧水体与岩石的波阻抗 $\rho_{2}c_{1}' = \rho_{1}c_{1}$ 时，$\sigma_{R}/\sigma_{1} = 0$，说明反射波 $P_{2}$ 不产生，两种介质完全一样，波在同种介质中以透射形式传播；当 $\rho_{2}c_{1}' > \rho_{1}c_{1}$ 时，$\sigma_{R}/\sigma_{1} > 0$，入射波 $P_{1}$ 产生的反射波 $P_{2}$ 为膨胀压缩波；当 $\rho_{2}c_{1}' < \rho_{1}c_{1}$ 时，$\sigma_{R}/\sigma_{1} < 0$，表明入射波 $P_{1}$ 衍生出拉伸剪切性质的反射横波 $P_{2}$。水介质的波阻抗小于岩石波阻抗，在岩体内的入射波传播至水-岩分界面时，会通过分界面产生反射的横波，引起质点的剪切运动，产生剪切力；入射波在水中传播时，反射波为具有压缩性质的纵波，但会通过分界面进入岩体会产生折射的横波，使岩石内部产生剪切力。此外，反射率 $\lambda_{1>2}$ 表征反射波能量与入射波能量比值，波在水-岩分界面的不断反射和折射，使得初始入射纵波衍生出众多的纵、横波，波能分散，使得冲击波衰减为地震波，直至波消失。

### 2.2.3　水中脉动气泡

冲击波传播后，高压放电产物在水中以气泡形式存在并继续膨胀，推动周围的水作径向流动。气泡内的压力随着体积膨胀而不断下降，至降到周围介质的静压时也不停止。由于水流的惯性运动，周围的水开始反向运动，向中心聚合压缩气泡。气泡内压力又逐步升高至高于周围静压力；一直到气体的弹性阻止气泡压缩而达到新的平衡，结束气泡脉动的第一次循环[184,185]。但由于气泡的压力比周围水介质的静压力大，又产生第二次膨胀和压缩循环的过程。这种气泡膨胀与压缩过程，称为气泡脉动。在条件有利情况下，这种脉动可达10余次。

#### 2.2.3.1　气泡能量

水中高压放电形成的气泡大约为集中放电通道内考虑电容残余能量后的放电总能量的47%[186]，是在膨胀和收缩的脉动过程中逐渐释放出来，最后因气体逐渐逸散在水中而消失[187]。气泡的能量亦可由下式求得

$$E_{B} = K_{2}E/T \tag{2-22}$$

式中：$K_{2}$——经验系数；

　　　$E$——放电能量；

　　　$T$——气泡脉动周期。

#### 2.2.3.2　气泡脉动周期、半径

假设一个气泡在钻孔水深 $H$ 的地方做纯径向振动，气泡半径用随时间变化的函数 $R$ 表示，将坐标原点定于气泡中心。气泡振动引起的速度势可以由下式得到

$$\phi = -R^{2}\dot{R}/|r| \tag{2-23}$$

式中：$\dot{R}$——对时间的导数；

　　　$r$——流场空间任意一点的位置向量。

通过能量守恒可以得到气泡的运动方程。流场动能 $E_k$ 可以由下式得到[188]

$$E_k = \frac{1}{2}\rho \int_{\bar{\nu}} |\nabla_\phi|^2 \mathrm{d}\bar{\nu} = 2\pi\rho R^3 \dot{R}^2 \tag{2-24}$$

式中: $\bar{\nu}$——流场所占据的体积;

$\rho$——流体的密度。

气泡势能等于气泡从半径 0 膨胀到半径 $R$ 时的抵抗流体静压力所做的功

$$E_p = \frac{4}{3}\pi\rho R^3 p_\infty \tag{2-25}$$

气泡内能等于将无限大体积按绝热定律压缩成气泡体积所做的功。因此它等于 $E_I = -\int_\infty^\nu p\mathrm{d}V$ ,式中 $V = \frac{4}{3}\pi R^3$ 为气泡体积。

如果用 $W$ 表示放电产生的气体的质量,按照绝热定律压力[189]等于

$$p = (W/V)^\gamma \tag{2-26}$$

从而

$$E_I = \left(\frac{4}{3}\pi\right)^{1-\gamma} \frac{W^\gamma}{\gamma - 1} R^{3(1-\gamma)} \tag{2-27}$$

运动方程可以由能量守恒得到,为简化计算过程,引入合适的时间和长度特征量。长度特征量为

$$R_{sc} = \left(\frac{3EW}{4\pi p_\infty}\right)^{1/3} \tag{2-28}$$

时间特征量为

$$T_{sc} = R_{sc}\left(\frac{3\rho}{2p_\infty}\right)^{1/2} \tag{2-29}$$

式中, $p_\infty = p_a + \rho g H = \rho g(H_0 + H)$ 表示气泡水平无穷远处的压强,其 $p_a = \rho g H_0$ 表示标准大气压。 $E$ 表示气泡所产生的能量。

无量纲气泡半径 $R'$ 可以由以下方程得到

$$R'^3 \dot{R}'^2 + R'^3 + \mu R'^{-3(\gamma-1)} = 1 \tag{2-30}$$

式中, $\mu = \dfrac{p_\infty^{\gamma-1}}{(\gamma - 1)E^\gamma}$ ,当气泡体积达到最大或最小时, $\dot{R}$ 等于 0。上式可以简化为

$$R'^3 + \mu R'^{-3(\gamma-1)} = 1 \tag{2-31}$$

通过求解方程式(2-31)可以得到气泡无量纲最小和最大半径如下:

$$R'_{min} \approx \mu^{1/(3(\gamma-1))} \tag{2-32}$$

$$R'_{min} \approx 1 - \mu/3 + (2 - 3\gamma)\mu^2/9 \tag{2-33}$$

气泡最小半径为

$$R_0 = \left(\frac{3E}{4\pi\rho g}\right)^{\frac{1}{3}} \left(\frac{W}{H + H_0}\right)^{\frac{1}{3}} R'_{min} \tag{2-34}$$

气泡最大半径为

$$R_{m} = \left(\frac{3E}{4\pi\rho g}\right)^{\frac{1}{3}} \left(\frac{W}{H + H_{0}}\right)^{\frac{1}{3}} R'_{min} \qquad (2-35)$$

方程(2-30)关于最大半径具有对称性的特征,因此无量纲振动周期可以由下式得到

$$\tau = 2\int_{R'_{min}}^{R'_{max}} \frac{R'^{\frac{3}{2}}}{(1 - R'^{3} - \mu R'^{-3(\gamma-1)})^{\frac{1}{2}}} dR' \qquad (2-36)$$

气泡振动周期为

$$T = \left(\frac{3}{2g}\right)^{5/6} \left(\frac{E}{2\pi\rho}\right)^{1/3} \frac{W^{1/3}}{(H + H_{0})^{5/6}} \tau \qquad (2-37)$$

### 2.2.3.3　气泡的脉动压力与总压力、总能量

水中高压放电后辐射出第一压力脉冲的同时,加热了周围的水介质,使水汽化形成一个以水蒸气为主体夹带少量电极所蒸发出来的金属蒸汽的气泡而迅速膨胀,并将周围未汽化的水推向外围运动。气泡内的压力随着体积膨胀而不断下降,当其压力降至与环境的静水压相等时,由于惯性作用,气泡继续膨胀到最大半径,这时气泡的内压小于环境静水压,水以相反的方向向内流动,随即出现气泡的收缩过程。而且,在每次气泡收缩到最小半径时,周围水介质对放电中心冲击压缩出现瞬间高压,辐射出一个压缩波——气泡脉冲。气泡膨胀收缩过程一直持续到气泡面压力不均匀超过一定限度,发生周围水介质对其突流崩溃为止,最终将气泡内的剩余能量全部散失于周围水介质之中。由此可见,气泡内的压力随着气泡体积的变化不断发生着变化,气泡脉动阶段所辐射的压缩波(即气泡脉冲)可通过介质运动的几个流体力学方程求得。

$$\left.\begin{array}{l} \dfrac{\partial v'}{\partial t} + v'\nabla v = \dfrac{\nabla p}{\rho} \\[2mm] \dfrac{\partial p}{\partial t} + \mathrm{div}'\rho v' = 0 \\[2mm] p = A\left(\dfrac{\rho}{\rho_{1}}\right)^{\eta} - B \end{array}\right\} \qquad (2-38)$$

式中:$v'$——水流速度;

　　　$\rho$——水的速度;

　　　$\rho_{1}$——水的初始密度;

　　　$p$——气泡脉冲压力。

状态方程中的 $A = 3001 \times 1.01 \times 10^{5}$ Pa,$B = 3001 \times 1.01 \times 10^{5}$ Pa。对水介质来说,$\eta = 7$。

通过推算,可以求得气泡脉冲所产生的压力脉冲。

$$p_{b} = \rho_{1}(R_{b}^{2}\dot{R}_{b} + 2\dot{R}_{b}^{2}R_{b})/r - \dot{R}_{b}^{2}R_{b}^{4}/2r^{4} + p_{0} \qquad (2-39)$$

式中:$\rho_{1}$——水的初始密度;

　　　$p_{0}$——静水压;

　　　$R_{b}$——气泡半径;

　　　$\dot{R}_{b}$——气泡半径对时间的导数。

由以上的分析可知,气泡的脉冲压力与其运动状态(半径、时间等)与有关,气泡最大

压力脉冲是发生在气泡直径最小时。

由式(2-15)与式(2-39)就可得到岩体钻孔水中的总压力为

$$p_{总} = p_s + p_b = \beta U \sqrt{\frac{\rho_0 \eta C (p_1 - p_0) U_s}{d p_0 l T}} e^{-\frac{\gamma r}{U_s}} + \rho_1 (R_b^2 \dot{R}_b + 2\dot{R}_b^2 R_b)/r - \dot{R}_b^2 \dot{R}_b^4/2r^4 + 2p_0$$

$$(2-40)$$

由式(2-17)与式(2-22)就可得到岩体钻孔水中的总能量为

$$E_{总} = \frac{K_1 \pi R^2}{\rho c} \int_0^{6.7\tau} p_1(t)^2 dt + \frac{K_2 E}{T}$$

$$(2-41)$$

 ## 本章小结

本章液电效应及水中高压脉冲放电机理的基本理论进行了分析,研究了水的击穿理论,在此基础上,对液电效应中水激波和脉动气泡的基本特征和力学特性进行了分析,得出了水激波的波速、钻孔内任意一点压力和能量计算公式,特别是分析了冲击波在刚壁面的正反射造成了压力的增加,得出了脉动气泡的能量、压力的计算公式,并对气泡的脉动周期和半径进行了分析。经过研究得出:

(1)液体电介质在高电压作用下会发生流柱或热力击穿,击穿后液体内部能产生高温、高能和高压的冲击波和脉动气泡。

(2)冲击波波阵面将以球面波的形式传播,岩体钻孔内部任意一点的冲击波压力受波振面波头最大压力,冲击波速和静水压力的影响,呈指数衰减;冲击波在刚壁面发生正反射后产生的冲击压力是入射波压力的数倍,波的反射现象会大大加强冲击波对目标的破坏作用。

(3)冲击波速与波前、后压力差的平方根呈线性关系,波阵面前后压力差越大,产生的波速越大,对水介质周围结构物产生损伤危害越大。

(4)气泡的能量与放电能量呈正比例关系,与脉动周期成反比例关系;得到了气泡的半径、周期与放电能量、生成的气体质量以及液体的密度的关系;放电能量、生成气体质量越大,气泡的半径及脉动周期越大。

(5)气泡的脉冲压力与静水压力及其运动状态(半径、时间等)有关。

(6)在静水压力的基础上,液电效应对煤体的二次加载作用,加剧了岩体及岩体内部缺陷的破坏作用,能起到扩展原有裂隙、生成新的裂隙的作用,达到压裂岩体增加非常规天然气扩散通道的目的。

# 第3章

# 高压电脉冲水力压裂作用
# 下岩体裂纹起裂、扩展机理

## 3.1 高压电脉冲水力压裂作用下岩体裂纹应力强度因子

### 3.1.1 岩体中裂纹的基本类型和应力强度因子

#### 3.1.1.1 岩体中裂纹的基本类型

根据经典断裂力学理论[190,191]的裂纹与应力的关系以及裂缝的扩展方向,可以把裂纹分为三种类型:Ⅰ型裂纹拉应力垂直作用于裂纹表面,位移沿应力方向发展,也就是垂直于裂纹表面,称之为"张开型裂纹"。Ⅱ型裂纹只在内剪应力作用下,裂纹表面相互滑移、错动,位移沿剪应力方向发展,称之为"滑开型裂纹"。Ⅲ型裂纹只在外剪应力作用下,裂纹表面发生滑移、错动,称之为"撕开型裂纹"。

岩体中的大多数原始裂纹,在受压条件下形成了一种闭合型裂纹,在裂纹未打开之前,由于闭合裂纹之间的物质不可入,裂纹只能产生滑动,从而成为剪切裂纹。当流体进入一些裂纹以后,裂纹在流体压力作用下,流体的空隙压力在裂纹表面形成了拉应力,位移沿应力方向发展,形成张开型裂纹,所以岩体中裂纹是以Ⅰ、Ⅱ型裂纹为主的一种复合型裂纹。

#### 3.1.1.2 应力强度因子和断裂韧度

在二维平面问题中,在裂纹顶端附近,如图3-1所示。裂缝尖端附近局部区域的应力场的普遍表达式为

$$\sigma_{yy}(x,0) \propto r^{-1/2}, r \to 0 \qquad (3-1)$$

由式(3-1)可知,当裂缝尖端$r \to 0$,应力$\sigma_{yy} \to \infty$,这显然是不合理的,应力在此处有奇异性。由式(3-1)可得

$$r^{1/2}\sigma_{yy}(x,0) = 常数, r \to 0 \qquad (3-2)$$

式(3-2)中右端的常数,代表了应力场阶的奇异性强弱的程度,被称为应力场奇异性强度因子,简称为应力强度因子[192,193]。应力强度因子控制着裂纹尖端附近区域的应力场的大小,是决定着应力场强弱的一个主要因素,用$K$表示。本节中把静力场的应力强度因子用$K^s$表示,动荷载裂缝应力场的应力强度因子用$K^t$表示。

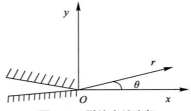

图 3-1　裂纹尖端坐标

当裂缝平面形状,大小一定时,$K$ 随着应力的增大而增大,当增加到某一临界值时,即 $K=K_c$ 时,就能导致裂纹前端某一区域内的应力 $\sigma_{ij}$ 足以导致材料分离,从而导致裂纹失稳扩散,这个使裂纹失稳扩展的临界状态所对应的应力强度因子,称之为断裂韧度,用 $K_c$ 表示。因此,断裂韧度 $K_c$ 为应力强度因子 $K$ 的临界值。$K$ 为裂纹前端的应力场的度量,与裂纹大小、形状以及应力大小有关,而断裂韧度 $K_c$ 是材料阻止宏观裂纹失稳扩展能力的度量,与裂纹本身的大小,形状以及应力大小无关,是反映材料特性的一个物理量。

### 3.1.2　岩体在静力场作用下的应力强度因子

#### 3.1.2.1　原岩应力作用下岩体裂纹尖端应力强度因子

岩体处于地下环境之中,受到原岩应力的作用,地应力控制着煤体中天然裂缝的形成与分布。非常规天然气压力对裂缝的作用较小[194-196],忽略它对裂缝扩展的贡献,这对分析原始裂缝的扩展和新裂纹的产生是有利的。

设岩体受到轴向压力为 $p_1$ 和围压 $p_2=p_3$,而且 $p_1>p_2=p_3$。将岩体中某一平面内的一裂纹看作是线弹性平板内的一条尺度为 $2a$ 的裂纹,边缘受到均布双轴压力 $p_1$ 和 $p_2$,裂纹方向和 $p_1$ 作用方向的夹角为 $\beta$(称为裂纹角),建立直角坐标系 $xOy$,$x$ 轴与裂纹方向平行,$y$ 轴与裂纹中垂线重合。如图 3-2 所示。

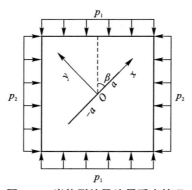

图 3-2　岩体裂纹及边界受力情况

应力符号采用弹性力学惯例,由应力分量的坐标变换,远场的应力状态为

$$\begin{cases} \sigma_x^{\infty} = -(p_1\cos^2\beta + p_2\sin^2\beta) \\ \sigma_y^{\infty} = -(p_1\sin^2\beta + p_2\cos^2\beta) \\ \tau_{xy}^{\infty} = -(p_1 - p_2)\sin\beta\cos\beta \end{cases} \tag{3-3}$$

于是裂纹面受到的远场剪应力为 $\tau^{\infty} = \tau_{xy}^{\infty}$，正应力为 $\sigma_N = \sigma_y^{\infty}$，裂纹面受到压力而闭合。显然，它应属于 Ⅱ 型裂纹，所以 $K_{I(1)}^{S} = 0$。又考虑到裂纹面上作用有摩擦力 $\tau^f(x)$ 分布，所以裂纹表面受到等效剪应力为

$$\tau_e(x) = \tau^{\infty} - \tau^f(x) \tag{3-4}$$

这里 $\tau_e(x)$ 符号为负，表示见的作用方向是朝向 $x$ 轴的反方向。一般情况下，$\tau^f(x)$ 是非均匀分布的函数，因此 $\tau_e(x)$ 也是非均匀分布的函数。

在应力分析中，上述问题就是由 $\tau_e(x)$ 产生的裂纹应力场和公式（3-3）表示的均匀应力场的叠加，作为简化，我们先考虑 $\tau_e(x)$ 等于一个常数 $\tau_e$ 的情况，此时

$$\tau_e = \tau_{xy}^{\infty} - f\sigma_y^{\infty} \tag{3-5}$$

其中，$f$ 为摩擦系数。

根据威斯特嘎德函数 $Z_{\text{II}} = \left( \dfrac{z}{\sqrt{z^2 - a^2}} - 1 \right) \tau_e$，其对应的应力强度因子为 $K_{\text{II}} = \tau^{\infty} \sqrt{\pi a}$，所以裂纹端部的应力强度因子为

$$K_{\text{II}} = \tau_e \sqrt{\pi a} \tag{3-6}$$

将 $\tau_e = \tau_{xy}^{\infty} - f\sigma_y^{\infty}$ 代入式（3-6）最终得到原岩应力作用下裂纹尖端应力强度因子

$$K_{\text{II}(1)}^{S} = (\tau_{xy}^{\infty} - f\sigma_y^{\infty})\sqrt{\pi a} = -\left\{ \frac{(p_1 - p_2)}{2}[\sin 2\beta - f(1 - 2\cos\beta)] - fp_2 \right\}\sqrt{\pi a}$$

$$\tag{3-7}$$

由式（3-7）可以看出，$K_{\text{II}(1)}^{S}$ 不但和裂纹的 $\beta$、$a$ 有关，而且与围压 $p_1$，$p_2 = p_3$ 有关。

### 3.1.2.2　静水压作用下岩体裂纹尖端应力强度因子

岩体钻孔周围在水中高压放电形成的水激波和脉动气泡作用下形成初始裂缝，然后含压水将楔入这些新生或原有裂纹中并以内压的形式作用于裂纹面上，此时裂纹面上的应力分布如图 3-3 所示。

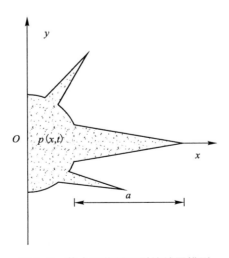

图 3-3　静水压作用下裂纹扩展模型

根据文献[153]静水压作用下的应力强度因子为

$$K_{I(2)}^{S} = 2\sqrt{\frac{a+r_b}{\pi}} \int_0^{a+r_b} \frac{p(x,t)}{\sqrt{(a+r_b)^2-x^2}} dx \qquad (3-8)$$

式中:$p(x,t)$——沿裂纹方向静水压力分布;

$\quad r_b$——钻孔的半径,m;

$\quad a$——裂纹的长度,m。

根据文献[197]有

$$a = \int_0^t u_f(t) dt \qquad (3-9)$$

式中:$u_f(t)$——裂纹尖端的扩展速度。

$$L(t) = \int_0^t u_e(t) dt \qquad (3-10)$$

式中:$L(t)$——含压水楔入裂纹中的长度,m;

$\quad u_e(t)$——楔入裂纹中的水流流速。

在满足工程实践需要的精度下,假设静水压力 $p(x,t)$ 沿裂纹方向线性分布,且不受裂纹宽度影响,含压水充满整个裂纹空间,此时 $L(t)=a$。此时,静水压力沿裂纹长度方向的变化规律为

$$p(x) = p_0 \frac{a-x}{a} \qquad (3-11)$$

式中:$p_0$——钻孔中的初始静水压力,MPa。

则静水压力作用下的准静态应力强度因子简化为

$$K_{I(2)}^{S} = 2p_0 \left( \frac{\pi}{2} - \frac{a+r_b}{a} \right) \sqrt{\frac{a+r_b}{\pi}} \qquad (3-12)$$

显然,这种在静水压作用下的裂纹是一种 I 型裂纹,所以 $K_{II(2)}^{S} = 0$。

### 3.1.3 岩体在冲击波作用下的应力强度因子

水中高压电极瞬间放电后形成水激波,水激波通过不连续峰能以超声速的速度传播。水激波波后密度变大,压强增强,熵值变化不大,所以也称为冲击波。冲击波在水中传播,当遇到障碍或不连续(裂纹),会产生反射、折射和衍射,使局部应力增加。在裂纹尖角处,裂纹受波的干扰可能引起未预见到的失稳传播。冲击波的应力为垂直应力,质点的运动方向与波的传播方向一致,如图 3-4 所示,所以属于纵波,也称为 P 波,是一种变容的、无旋的纵向的压缩波,在流体、固体内的传播速度最快、富有穿透性、易于克服障碍。在断裂力学中,我们把裂纹看成由两个自由表面组合而成,冲击波在到达裂纹表面后会发生反射、折射和衍射,这些波使裂纹附近质点产生往复运动,造成裂纹尖端附近有应力集中现象。由于拉应力垂直作用于裂纹表面,位移沿应力方向发展,产生了 I 型裂纹,经过裂纹衍射以后,入射波中会包含压缩波与剪波,所以会产生 II 型裂纹[198,199],如图 3-5 所示,与静载情况相似,其应力集中的强度用动应力强度因子 $K_I(t)$ 度量。

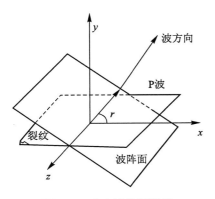

图 3-4 冲击波传播模型

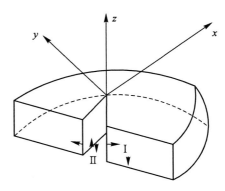

图 3-5 冲击波与裂纹的关系

设岩体有一长为 $2a$ 的裂纹位于 $xz$ 平面，$y=0$，而且 $x<0$，如图 3-6 所示，P 波以 $\phi_0$ 的振幅冲击裂纹。入射波与 $x$ 轴成角 $r$，波长为 $\lambda = \dfrac{2\pi}{a}$，岩石的弹性模量为 $E$，泊松比为 $\nu$。

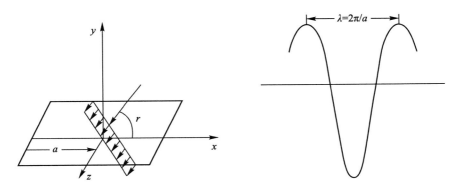

图 3-6 冲击波作用下裂纹扩展模型

设入射的冲击波是时间的简谐函数，作用在 $xz$ 平面。入射波的位移由两个 Lame 位移势函数 $\phi$ 与 $\psi$ 表示，其表达式为

$$\begin{cases} u = \dfrac{\partial \phi}{\partial x} + \dfrac{\partial \psi}{\partial y} \\[2mm] \nu = \dfrac{\partial \phi}{\partial y} - \dfrac{\partial \psi}{\partial x} \\[2mm] w = 0 \end{cases} \tag{3-13}$$

合成位移的势函数是入射波场的势函数 $\phi^{(i)}$ 与 $\varphi^{(i)}$ 和衍射波场的 $\phi^{(s)}$ 与 $\varphi^{(s)}$ 的线性组合，即

$$\begin{cases} \phi(x,y,t) = \phi^{(i)}(x,y,t) + \phi^{(s)}(x,y,t) \\[2mm] \psi(x,y,t) = \varphi^{(i)}(x,y,t) + \varphi^{(s)}(x,y,t) \end{cases} \tag{3-14}$$

式中，衍射波场必须满足条件

$$\sqrt{x^2+y^2} \rightarrow \infty \text{ 时}, \phi^{(s)}, \varphi^{(s)} \rightarrow 0$$

设入射波势函数是稳态的,即与时间有关的部分可以用时间简谐因子 $e^{-i\omega t}$ 表示,那么衍射波也具有相同的时间因子,即衍射波势 $\phi^{(s)}$ 与 $\varphi^{(s)}$ 应符合 Humholtz 方程

$$\begin{cases} (\nabla^2 + \alpha_1^2)\phi^{(s)} = 0 \\ (\nabla^2 + \alpha_2^2)\varphi^{(s)} = 0 \end{cases} \tag{3-15}$$

式中: $\nabla^2\phi^s = c_1^{-2}\dfrac{\partial^2\phi^s}{\partial t^2}$, $\nabla^2\varphi^s = c_2^{-2}\dfrac{\partial^2\varphi^s}{\partial t^2}$, $\alpha_n = \dfrac{\omega}{c_n}(n=1,2)$, $\omega$ 为波的圆频率, $c_n$ 为波速。冲击波作用于裂纹面上时,相当于在裂纹面上作用大小相等而方向相反的法向力,因为其对 $x$ 轴对称,故只考虑上半个平面对 $y \geq 0$。对式(3-15)作 Fourier 变换引出积分,有

$$\begin{cases} \phi^{(s)}(x,y,t) = \dfrac{1}{2\pi}\displaystyle\int_{-\infty}^{\infty} A_{11}(s)\exp[-\beta_1 y - i(sx+\omega t)]ds, y \geq 0 \\ \varphi^{(s)}(x,y,t) = \dfrac{1}{2\pi}\displaystyle\int_{-\infty}^{\infty} A_{12}(s)\exp[-\beta_2 y - i(sx+\omega t)]ds, y \geq 0 \end{cases} \tag{3-16}$$

式中

$$\beta_n = \sqrt{(s^2 - \alpha_n^2)} = -i\sqrt{(\alpha_n^2 - s^2)}, n = 1,2 \tag{3-17}$$

$$\begin{pmatrix} A_{11}(s) \\ A_{12}(s) \end{pmatrix} = \frac{2}{\alpha_2^2}A_1(s)\begin{pmatrix} s^2 - \dfrac{1}{2\alpha_2^2} \\ -is\beta_2 \end{pmatrix} \tag{3-18}$$

$$A_1(s) = \frac{P}{2i}\frac{(\alpha_1 + \alpha_1\cos r)^{\frac{1}{2}}}{(\alpha_1^2 - \alpha_2^2)(\alpha_R + \alpha_1\cos r)F_+(\alpha_1\cos \alpha_1)} \times \frac{1}{(s - \alpha_R)(s - \alpha_1\cos r)(s + \alpha_1)^{\frac{1}{2}}F_-(s)} \tag{3-19}$$

同时冲击波发生衍射后,裂纹面要受到剪应力作用,所以衍射波的势为

$$\begin{cases} \phi^{(s)}(x,y,t) = \dfrac{1}{2\pi}\displaystyle\int_{-\infty}^{\infty} A_{21}(s)\exp[-\beta_1 y - i(sx+\omega t)]ds, y \geq 0 \\ \varphi^{(s)}(x,y,t) = \dfrac{1}{2\pi}\displaystyle\int_{-\infty}^{\infty} A_{22}(s)\exp[-\beta_2 y - i(sx+\omega t)]ds, y \geq 0 \end{cases} \tag{3-20}$$

$$\begin{pmatrix} A_{21}(s) \\ A_{22}(s) \end{pmatrix} = \frac{2}{\alpha_2}A_2(s)\begin{pmatrix} -is\beta_1 \\ s^2 - \dfrac{1}{2\alpha_2^2} \end{pmatrix} \tag{3-21}$$

$$A_2(s) = \frac{Q}{2i}\frac{(\alpha_2 + \alpha\cos r)^{\frac{1}{2}}}{(\alpha_1^2 - \alpha_2^2)(\alpha_R + \alpha\cos r)F_+(\alpha\cos r)} \times \frac{1}{(s - \alpha_R)(s - \alpha\cos r)(s + \alpha_2)^{\frac{1}{2}}F_-(s)} \tag{3-22}$$

式(3-19)、式(3-20)中, $\alpha_R = \dfrac{\omega}{c_R}$, $c_R$ 是 Rayleigh 波速, $P = -\dfrac{\sigma\alpha_2^2}{\mu}(1 - \kappa^2\cos r)$, $Q = -\dfrac{\sigma\alpha_2^2}{\mu}$ $\kappa^2\sin 2r$, $\kappa = \dfrac{c_2}{c_1} = \left(\dfrac{1-2v}{2-2v}\right)^{1/2}$, (平面应变问题) $F(s)$ 函数的分解式是

$$F(s) = F_+(s)F_-(s) = \frac{f(s)}{2(\alpha_1^2 - \alpha_2^2)(s^2 - \alpha_R^2)} \tag{3-23}$$

$$F_{\pm}(s) = \exp\left\{-\frac{1}{\pi}\int_{c_1^{-1}}^{c_2^{-1}} \arctan \frac{4z^2\left[(z^2-c_1^{-2})(c_2^{-2}-z^2)\right]^{\frac{1}{2}}}{(2z^2-c_2^{-2})^2}\right\}\frac{\mathrm{d}z}{z\pm isp^{-1}} \qquad (3-24)$$

其中 $f(s) = (2s^2 - \alpha_2^2)^2 - 4s^2\beta_1\beta_2$。

将求得的 $\phi, \psi$ 代入

$$\begin{cases} \sigma_{xx} = \lambda\nabla^2\phi + 2\mu\left(\dfrac{\partial^2\phi}{\partial x^2} + \dfrac{\partial^2\psi}{\partial x\partial y}\right) \\[3mm] \sigma_{yy} = \lambda\nabla^2\phi + 2\mu\left(\dfrac{\partial^2\phi}{\partial y^2} + \dfrac{\partial^2\psi}{\partial x\partial y}\right) \\[3mm] \sigma_{xy} = \mu\left(2\dfrac{\partial^2\phi}{\partial x\partial y} - \dfrac{\partial^2\psi}{\partial x^2} + \dfrac{\partial^2\psi}{\partial y^2}\right) \end{cases} \qquad (3-25)$$

式中：$\lambda = \dfrac{\upsilon E}{(1+\upsilon)(1-2\upsilon)}$，$\mu = \dfrac{E}{2(1+\upsilon)}$ 得到的是关于 $s$ 的无穷积分。

直接计算积分是困难的，但可以把被积函数对于 $s$ 的大值展开，就可以得到裂纹尖端部位的应力强度因子 $K^t$ 为

$$\begin{cases} K_{\mathrm{I}}^t = \sigma\sqrt{\pi a}\,|k_{\mathrm{I}}|\exp\left[-i\omega\left(t - \dfrac{\pi}{8}\right)\right] \\[3mm] K_{\mathrm{II}}^t = \sigma\sqrt{\pi a}\,|k_{\mathrm{II}}|\exp\left[-i\omega\left(t - \dfrac{\pi}{8}\right)\right] \end{cases} \qquad (3-26)$$

式中：$\sigma$——冲击波产生的应力，MPa；

$\quad\quad$ $t$——冲击波作用的时间，s。

其中

$$\begin{cases} k_{\mathrm{I}} = \dfrac{(1+2\kappa^2\cos^2 r)(1+\cos r)^{\frac{1}{2}}}{\pi\left(\dfrac{c_1}{c_{\mathrm{R}}} + \cos r\right)F_+(\alpha_1\cos r)} \\[6mm] k_{\mathrm{II}} = \dfrac{\kappa^2\sin 2r(\kappa^{-1}+\cos r)^{\frac{1}{2}}}{\pi\left(\dfrac{c_1}{c_{\mathrm{R}}} + \cos r\right)F_+(\alpha_1\cos r)} \end{cases} \qquad (3-27)$$

### 3.1.4　岩体总应力强度因子

根据应力强度因子叠加原理，作用在岩体内裂纹处的总的应力强度因子为高静水压力和地应力作用下裂纹尖端应力强度因子与冲击波作用下裂纹尖端应力强度因子之和，也就是

$$K_{\mathrm{I}} = K_{\mathrm{I}}^s + K_{\mathrm{I}}^t = K_{\mathrm{I}(1)}^s + K_{\mathrm{I}(2)}^s + K_{\mathrm{I}}^t$$

$$= 2\rho_0\left(\frac{\pi}{2} - \frac{a+r_b}{a}\right)\sqrt{\frac{a+r_b}{\pi}} + \sigma\sqrt{\pi a}\,|k_{\mathrm{I}}|\exp\left[-i\omega\left(t - \frac{\pi}{8}\right)\right] \qquad (3-28)$$

$$K_{\mathrm{II}} = K_{\mathrm{II}}^s + K_{\mathrm{II}}^t = K_{\mathrm{II}(1)}^s + K_{\mathrm{II}(2)}^s + K_{\mathrm{II}}^t$$

$$= \left\{\frac{(p_1-p_2)}{2}\left[\sin 2\beta - f(1-2\cos\beta)\right] - fp_2\right\}\sqrt{\pi a} + \sigma\sqrt{\pi a}\,|k_{\mathrm{II}}|\exp\left[-i\omega\left(t - \frac{\pi}{8}\right)\right] \qquad (3-29)$$

式中各量含义与上文相同。

由以上的推导可知冲击波作用下,冲击荷载是时间的函数,应力强度因子也是时间的函数,因而又称为动态应力强度因子。动态应力强度因子值(确切地说是其幅值)要比相应的静态应力强度因子值大,因而裂纹得到了(相对于静态情形下)更大的驱动力,增大了它对材料与结构的危害性。静水压力和冲击波作用下 Ⅰ 型裂纹总的应力强度因子受静水压力和冲击波压力影响明显,静水压力、冲击波压力越大、原始裂纹长度和开裂角度越大,产生的应力强度因子越大;同样,Ⅱ 型裂纹在地应力和冲击波作用下总的应力强度因子受地应力和冲击波压力影响显著,地应力、冲击波压力越大、原始裂纹长度和开裂角度越大,产生的应力强度因子越大。

## 3.2 岩体裂纹起裂、扩展

为了进一步研究岩体断裂破坏的力学机理,通过研究应力强度因子对裂纹的演化规律进行判别。通过 2.2.2 节中冲击波在水体和岩体中的传播特征分析,可知冲击波在岩体中主要产生膨胀压缩波和拉伸剪切波,使裂纹多发生剪切滑动或沿拉应力方向张开,岩体发生复合型破坏。冲击波作用在岩石上的时间极短($\mu s$),使得质点运动诱发惯性力,从而使静态断裂力学中的平衡方程变为动量方程,因此,需要用动态断裂力学来分析裂纹的起裂、扩展及止裂。Freund[200] 给出了 Ⅰ - Ⅱ 复合平面裂纹的起裂、扩展及止裂判据

$$G < G_{\mathrm{d}} \tag{3-30}$$

$$G_{\max} = G_{\mathrm{d}}(t, v, h) \tag{3-31}$$

式中:$G_{\max}$——裂纹驱动力或能量释放率,N/m;

$G_{\mathrm{d}}$——材料断裂韧度,N/m。

裂纹尖端驱动力计算为

$$\left.\begin{aligned}
G &= \frac{1 - v_{\mathrm{dyn}}^2}{E_{\mathrm{dyn}}}\left[\beta_1(v) K_{\mathrm{I\,dyn}}^2 + \beta_2(v) K_{\mathrm{II\,dyn}}^2\right] \\
\beta_i(v) &= \frac{v^2 \alpha_i}{(1-v) c_2^2 D} \\
\alpha_i &= \sqrt{1 - \frac{v^2}{c_i^2}} \\
D(v) &= 4\alpha_1 \alpha_2 - (1 + \alpha_2^2)^2
\end{aligned}\right\} \tag{3-32}$$

式中:$v_{\mathrm{dyn}}$——动态弹性泊松比;

$E_{\mathrm{dyn}}$——动态弹性模量,MPa;

$K_{\mathrm{I\,dyn}}$——Ⅰ 型裂纹的动态应力强度因子,MPa$\sqrt{\mathrm{m}}$;

$K_{\mathrm{II\,dyn}}$——Ⅱ 型裂纹的动态应力强度因子,MPa$\sqrt{\mathrm{m}}$;

$v$——裂纹扩展速度,m/s;

$\beta_i(i = 1,2)$——裂纹扩展速度 $v$ 的函数;

$c_1, c_2$——纵波和横波的波速,m/s。

由于冲击波致裂岩石的时间短暂,裂纹扩展长度随时间变化,将时间进行微分,裂纹扩展速度 $v$ 可由式(3-33)计算

$$v = \lim_{\Delta t \to 0} \frac{\Delta l}{\Delta t} = \lim_{\Delta t \to 0} \frac{l_{t2} - l_{t1}}{t_2 - t_1} \tag{3-33}$$

式中: $l_{t_1}$ —— $t_1$ 时刻裂纹的扩展长度,m;

$l_{t_2}$ —— $t_2$ 时刻裂纹的扩展长度,m。

对于二维平面情况下,纵、横波的波速由材料自身性质决定,计算为

$$\left. \begin{aligned} c_1 &= \sqrt{\frac{E_{\mathrm{dyn}}(1 - v_{\mathrm{dyn}})}{(1 + v_{\mathrm{dyn}})(1 - 2v_{\mathrm{dyn}})\rho}} \\ c_2 &= \sqrt{\frac{E_{\mathrm{dyn}}}{2(1 + v_{\mathrm{dyn}})\rho}} \end{aligned} \right\} \tag{3-34}$$

式中: $\rho$ ——岩体密度,kg/m³。

I 型和 II 型动态应力强度因子取决于受载历史、裂纹扩展长度及裂纹瞬时扩展速度,具体计算方法[201,202]为

$$\left. \begin{aligned} K_{\mathrm{I\,dyn}} &= \frac{1 - \dfrac{v}{c_{\mathrm{r}}}}{\sqrt{1 - \dfrac{v}{2c_{\mathrm{r}}}}} K_{\mathrm{I}} \\ K_{\mathrm{II\,dyn}} &= \frac{1 - \dfrac{v}{c_{\mathrm{r}}}}{\sqrt{1 - \dfrac{0.46v}{c_{\mathrm{r}}}}} K_{\mathrm{II}} \\ c_{\mathrm{r}} &= \frac{0.864 + 1.4v_{\mathrm{dyn}}}{1 + v_{\mathrm{dyn}}} \sqrt{\frac{E_{\mathrm{dyn}}}{2(1 + v_{\mathrm{dyn}})\rho}} \end{aligned} \right\} \tag{3-35}$$

式中: $K_{\mathrm{I}}, K_{\mathrm{II}}$ ——相同裂纹长度下的静态应力强度因子,MPa $\sqrt{\mathrm{m}}$ ;

$c_{\mathrm{r}}$ ——材料的 Rayleigh 波波速,m/s。

在计算裂纹驱动力 $G$ 过程中,可通过试验测定岩体内部的纵波波速 $c_1$ 与横波波速 $c_2$,利用式(3-34)求得岩体动态弹性模量 $E_{\mathrm{dyn}}$ 和动态泊松比 $v_{\mathrm{dyn}}$,岩体断裂韧度 $G_{\mathrm{d}}$ 需要通过试验来分析测定,难度大,因此,式(3-31)提供了 $G_{\mathrm{d}}$ 关于 $G$ 的相对值来定量评估裂纹的失效演化。由式(3-35)可知,不同瞬时时刻的动态裂纹应力强度因子与相同裂纹长度下的静态裂纹应力强度因子有关,当 $v$ 为 0 时,动态裂纹应力强度因子转变为静态裂纹应力强度因子,裂纹扩展速度 $v$ 也需要通过实验测定,由于 $v$ 随扩展时间变化,波动变化,使得测量难度加大。由以上分析可知,试件尺寸、受荷历史、裂纹长度和瞬时扩展速度的复杂性影响着动态裂纹的演化,加大了其演化规律研究的难度[203]。

由以上分析可知,静态裂纹应力强度因子 $K_{\mathrm{I}}$、$K_{\mathrm{II}}$ 与远场地应力的分布情况、裂隙水压大小、裂纹方位角及抗剪力学特性有关。因而分析高压激波脉动水压作用下裂纹起

裂、扩展机理及岩体的破坏模式至关重要。天然裂纹在岩体内随机分布,以三维状态呈现,研究的复杂性大,为研究方便,本书将二维平面穿透裂纹作为研究对象,探求激波脉动水压作用下裂纹的断裂机理和扩展规律。当岩体裂纹内作用有脉动冲击波水压力时,假设水压力作用在裂纹各个方向,且大小处处相等,岩体是脆弹性的,应力作用如图3-7所示。

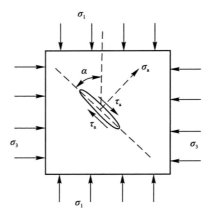

图3-7 应力作用图

由应力状态分析可得

$$\sigma_{\mathrm{a}} = -\left(\frac{\sigma_1 + \sigma_3}{2} - \frac{\sigma_1 - \sigma_3}{2}\cos 2\alpha - p\right) \tag{3-36}$$

$$\tau_{\mathrm{a}} = -\frac{\sigma_1 - \sigma_3}{2}\sin 2\alpha \tag{3-37}$$

式中:$\sigma_1$、$\sigma_3$——远场地应力,MPa;

$\sigma_{\mathrm{a}}$、$\tau_{\mathrm{a}}$——裂纹面的正应力和剪应力,MPa;

$\alpha$——裂纹与地应力$\sigma_1$的夹角,(°);

$p$——冲击波峰值压力,MPa。

由式(3-37),可知裂纹面受远场地应力和冲击波应力的影响,会产生正应力和剪应力,因此,裂纹应该属于Ⅰ-Ⅱ复合型裂纹,但裂纹是受拉伸力与剪切力结合发生拉剪复合型破坏,还是受压缩力与剪切力结合发生压剪复合型破坏,则取决于裂纹面法向正应力是拉应力还是压应力。当$\sigma_{\mathrm{a}}<0$时,裂缝为Ⅰ-Ⅱ压剪复合型;当$\sigma_{\mathrm{a}}>0$时,裂缝为Ⅰ-Ⅱ拉剪复合型。

(1)拉剪复合型 根据李江腾[204]关于岩石抗压强度与断裂韧度相关性的研究,可得

$$K_{\mathrm{Ic}} = 0.0265\sigma_{\mathrm{c}} + 0.0014 \tag{3-38}$$

式中:$K_{\mathrm{Ic}}$——Ⅰ型断裂韧度,MPa$\sqrt{\mathrm{m}}$;

$\sigma_{\mathrm{c}}$——岩体抗压强度,MPa。

借鉴工程上常用的近似断裂准则,Ⅰ-Ⅱ拉剪复合型裂纹失稳准则为

$$K_{\mathrm{I}} + K_{\mathrm{II}}^{T} \geqslant K_{\mathrm{Ic}} \tag{3-39}$$

$$K_I = \sigma_a \sqrt{\pi L} \qquad (3-40)$$

$$K_{II}^T = \tau_a \sqrt{\pi L} \qquad (3-41)$$

式中：$K_I$、$K_{II}^T$——分别为 I 型和 II 型应力强度因子，MPa$\sqrt{m}$；

　　　$L$——裂纹半长，m。

（2）压剪复合型　压剪复合断裂时，裂纹要经历闭合压紧、剪切扩容过程，有效剪应力才会导致裂纹尖端发生应力奇异性，致使裂纹失稳发生起裂与扩展，有效剪应力公式如下

$$\tau_e = |\tau_a| - (\tau_a \tan \phi + c) \qquad (3-42)$$

式中：$\phi$——岩体内摩擦角，（°）；

　　　$c$——黏聚力，MPa。

由李宗利[205]关于岩石裂纹水力劈裂的分析，可知压剪时的 II 型应力强度因子为

$$K_{II}^S = \tau_e \sqrt{\pi L} \qquad (3-43)$$

周家文[206]研究岩石受压缩力和剪切力发生破坏的情形，获得岩石 I 型和 II 型断裂韧度之间的关系

$$\lambda = \frac{K_{IIc}}{K_{Ic}} = \frac{\dfrac{\sqrt{2}}{2}(1 - \sin \phi) - \sqrt{2}\upsilon(1 + \sin \phi)}{0.8314(1 - \sin \phi) - 0.94263\upsilon(1 + \sin \phi)} \qquad (3-44)$$

将岩体的 $\phi$ 值和 $\upsilon$ 值代入式（3-34）就可求得 $\lambda$ 及 $K_{IIc}$。

运用周群力[207]的压剪断裂准则，岩体裂纹断裂时应满足

$$\lambda K_I + |K_{II}^S| \geqslant K_{IIc} \qquad (3-45)$$

式中：$\lambda$——压剪参数，无量纲；

　　　$K_{IIc}$——压缩状态下 II 型断裂韧度，MPa$\sqrt{m}$；

　　　$\upsilon$——岩体泊松比。

由以上分析可得，无论拉剪复合型还是压剪复合型裂纹，当其强度因子大于相应的断裂韧度时，岩体裂纹就会失稳起裂、扩展。

基于以上理论分析，就可进行数值模拟计算和钻孔水中高压脉冲放电压裂岩体试验，进而研究细观裂纹的起裂、扩展形态和几何参数，评价致裂效果。

## 3.3　岩体裂纹起始扩展方向

### 3.3.1　岩体中裂纹扩展方向

在实际岩层中，多见 I 型、II 型裂纹，所以岩层中裂缝为复合型裂缝。在这种情况下，裂缝扩展方向又将如何？对 I 型裂纹，它总是沿着原来的裂缝面向前扩展。对复合型裂缝，其扩展方向一般总和原裂缝方向成 $\theta$ 角，如图 3-8 所示。

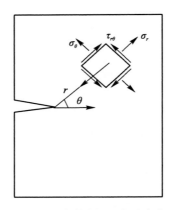

**图 3-8　裂纹扩展及尖端应力**

　　建立如图 3-8 所示的极坐标系, 当切向应力 $\sigma_\theta$ 的最大值达到临界值 $\sigma_c$ 时, 裂缝开始失稳扩展。在平面问题中, 利用 I 型和 II 型裂缝尖端应力计算结果和叠加原理, 可得到 I 型和 II 型复合型裂缝尖端附近应力的极分量[208]。

$$\begin{cases} \sigma_r = \dfrac{1}{2(2\pi r)^{1/2}}\left[K_I(3-\cos\theta)\cos\dfrac{\theta}{2} + K_{II}(3\cos\theta-1)\sin\dfrac{\theta}{2}\right] \\[2mm] \sigma_\theta = \dfrac{1}{2(2\pi r)^{1/2}}\cos\dfrac{\theta}{2}[K_I(1+\cos\theta)-3K_{II}\sin\theta] \\[2mm] \tau_{r\theta} = \dfrac{1}{2(2\pi r)^{1/2}}\cos\dfrac{\theta}{2}[K_I\sin\theta + K_{II}(3\cos\theta-1)] \end{cases} \quad (3\text{-}46)$$

　　其中 $K_I$、$K_{II}$ 由式(3-28)、式(3-29)求得, 对上式中的第二式对 $\theta$ 求导, 并令 $\dfrac{\partial\sigma_\theta}{\partial\theta}=0$, 则有

$$\begin{aligned} \frac{\partial\sigma_\theta}{\partial\theta} &= \frac{1}{2(2\pi r)^{1/2}}\left\{-\frac{1}{2}\sin\frac{\theta}{2}[K_I(1+\cos\theta)-3K_{II}\sin\theta] + \cos\frac{\theta}{2}[-K_I\sin\theta-3K_{II}\cos\theta]\right\} \\ &= \frac{1}{2(2\pi r)^{1/2}}\left\{-\frac{3}{2}K_I\cos\frac{\theta}{2}\sin\theta + \frac{3}{2}K_{II}\cos\frac{\theta}{2}(1-3\cos\theta)\right\} \\ &= -\frac{3}{2}\times\frac{1}{2(2\pi r)^{1/2}}\cos\frac{\theta}{2}[K_I\sin\theta + K_{II}(3\cos\theta-1)] = -\frac{3}{2}\tau_{r\theta} = 0 \end{aligned} \quad (3\text{-}47)$$

　　因为 $\cos\dfrac{\theta}{2}=0$, $\theta=\pm\pi$ 无实际意义, 所以只有

$$K_I\sin\theta_0 + K_{II}(3\cos\theta_0-1)=0 \quad (3\text{-}48)$$

　　由式(3-48)解得的角度 $\theta_0$ 就是 $\sigma_\theta$ 取最大值的方向, 也就是裂缝开始扩展的方向, 因而称 $\theta_0$ 为断裂角, 即

$$\theta_0 = \sin^{-1}\left[\frac{K_{II}(K_I \pm 3\sqrt{K_I^2+8K_{II}^2})}{K_I^2+9K_{II}^2}\right] = \sin^{-1}\left[\frac{\dfrac{K_I}{K_{II}} \pm 3\sqrt{8+\left(\dfrac{K_I}{K_{II}}\right)^2}}{9+\left(\dfrac{K_I}{K_{II}}\right)^2}\right] \quad (3\text{-}49)$$

此时,将 $\theta = \theta_0$ 代入式(3-46)就可得最大切向应力

$$\sigma_{\theta\max} = \sigma_{\mathrm{c}} = \frac{1}{2(2\pi r)^{1/2}} \cos \frac{\theta_0}{2} \left[ K_{\mathrm{I}} (1 + \cos \theta_0) - 3K_{\mathrm{II}} \sin \theta_0 \right] \qquad (3-50)$$

临界值 $\sigma_{\mathrm{c}}$ 也可利用 Ⅰ 型裂缝的断裂韧度 $K_{\mathrm{Ic}}$ 来确定。此时 $\theta_0 = 0$,$K_{\mathrm{II}} = 0$,$K_{\mathrm{I}} = K_{\mathrm{Ic}}$,代入式(3-49),可得

$$\sigma_{\mathrm{c}} (2\pi r)^{1/2} = K_{\mathrm{Ic}} \qquad (3-51)$$

$$\frac{1}{2} \cos \frac{\theta_0}{2} \left[ K_{\mathrm{I}} (1 + \cos \theta_0) - 3K_{\mathrm{II}} \sin \theta_0 \right] = K_{\mathrm{Ic}} \qquad (3-52)$$

当 $\sigma_\theta \geqslant \sigma_{\mathrm{c}}$ 时,也就是煤样在高静水压力和地应力作用下以及冲击波作用下裂纹尖端产生的总的最大切向应力 $\sigma_{\mathrm{c}}$,裂纹将开始扩展。

### 3.3.2　岩体裂纹扩展算例

若岩体中有单一 Ⅱ 型裂缝,利用以上理论和公式求裂纹开裂角 $\theta_0$ 以及 Ⅰ 型、Ⅱ 型裂纹的韧度之比。

对于纯 Ⅱ 型裂缝,$K_{\mathrm{I}} = 0$,代入式(3-48)得

$K_{\mathrm{II}} (3\cos \theta_0 - 1) = 0$,即 $\cos \theta_0 = \dfrac{1}{3}$,所以,断裂角 $\theta_0 = \cos^{-1} \dfrac{1}{3} = 70°32'$。

当纯 Ⅱ 型裂缝开裂时,$K_{\mathrm{I}} = 0$,$K_{\mathrm{II}} = K_{\mathrm{IIc}}$,于是由式(3-52)有

$-\dfrac{3}{2} K_{\mathrm{IIc}} \cos \dfrac{\theta_0}{2} \sin \theta_0 = K_{\mathrm{Ic}}$,由 $\cos \theta_0 = \dfrac{1}{3}$ 得 $\sin \theta_0 = \dfrac{2\sqrt{2}}{3}$,$\cos \dfrac{\theta_0}{2} = \sqrt{\dfrac{2}{3}}$,故有

$$-\frac{K_{\mathrm{II}}}{K_{\mathrm{Ic}}} = \frac{2}{3} \times \frac{1}{\sin \theta_0 \cos \left( \dfrac{\theta_0}{2} \right)} = \frac{2}{3} \times \frac{3}{2\sqrt{2}} \times \frac{\sqrt{3}}{\sqrt{2}} = \frac{\sqrt{3}}{2} = 0.866$$

从这里可以看出,按最大拉应力理论,纯 Ⅱ 型裂缝的开裂方向与其原来裂缝平面方向的夹角为 70°32′,而不是沿着原来的裂缝方向扩展。由此,我们还得到了 Ⅱ 型裂缝断裂韧度 $K_{\mathrm{IIc}}$ 与 Ⅰ 型裂缝的断裂韧度 $K_{\mathrm{Ic}}$ 的相对关系。

 **本章小结**

本章主要以弹性力学、断裂力学、流体力学理论为基础,运用广义平面应力问题推导出在地应力、静水压力以及冲击波压力作用下煤体内部复合裂纹的强度因子、裂纹的起始扩展条件和扩展的角度,并计算了岩体中某一 Ⅱ 型裂纹的扩展角度和相应的断裂韧度的关系,为高压电脉冲水压压裂岩体这一技术研究提供可靠的力学理论基础。经过研究得出:

(1)岩体中的裂纹是一种以 Ⅰ、Ⅱ 型裂纹为主的复合型裂纹。裂纹应力强度因子受载荷历史、作用时间及裂纹扩展速率等多种因素影响,考虑本技术实验条件的限制和动静态断裂力学之间的联系,分析二维平面应力问题的单裂纹受力模型,获得拉伸剪切和

压缩剪切两种裂纹演化类型,发现裂纹强度因子取决于裂纹扩展速度、远场地应力、天然裂纹角度。

(2)冲击荷载作用下裂纹的应力强度因子比相应的静态应力场作用下的应力强度因子值大,对材料与结构的破坏性更大。

(3)由地应力环境下岩体内裂纹的应力场和应力强度因子分析可知,地应力、静水压力、冲击波压力越大、冲击波作用时间越长、煤体内原始裂纹易扩展,其长度和开裂角度越大。当裂纹内切向应力大于临界应力时,也就是 $\sigma_\theta \geqslant \sigma_c = \dfrac{1}{2(2\pi r)^{1/2}} \cos \dfrac{\theta_0}{2} [ K_I (1 + \cos \theta_0) - 3K_{II} \sin \theta_0 ]$ 时裂纹将开始扩展,并且沿 $\theta_0 = \sin^{-1}\left[ \dfrac{K_{II}(K_I \pm 3\sqrt{K_I^1 + 8K_{II}^2})}{K_1^2 + 9K_{II}^2} \right] = \sin^{-1}\left[ \dfrac{\dfrac{K_I}{K_{II}} \pm 3\sqrt{8 + \left(\dfrac{K_I}{K_{II}}\right)^2}}{9 + \left(\dfrac{K_I}{K_{II}}\right)^2} \right]$ 扩展。

# 第4章

# 电脉冲水力压裂试验系统
# 与冲击波特征分析

为了分析高压水中电脉冲对岩体压裂效果,自主研制了一套高压脉冲放电水力加压实验系统,配置了高压放电装置和岩体致裂效果监测、检测装置,同时制作了煤岩体试样。本章着重介绍试验系统的设计原则和设备选型依据,并对水中高压脉冲放电冲击波力学特性进行分析,为下一步试验研究提供一定的基础。

## 4.1 电脉冲水力压裂试验系统

### 4.1.1 高压电脉冲放电系统

#### 4.1.1.1 工作原理

高压电脉冲放电原理是将 220 V 电压经工频变压器升压到高电压,然后通过高压硅堆整流后向脉冲电容器组充电,将电能储藏于电容器中,待储能电容器充电到能量控制器的工作阈值和所需电压后系统自动停充,然后触发放电开关,能量控制器通过放电电缆将电容器中储存的电能快速传递给放电电极,放电电极瞬间击穿将电能释放出来。

#### 4.1.1.2 高压电脉冲放电系统

高压电脉冲放电系统主要由交流电源、充电系统(电动调压器、高压变压器/整流器及充电保护电阻)、储能电容器组、放电系统(高压放电开关、同轴放电电缆及放电电极)、控制与安全保护系统(充电控制电路、高低压指标电路、安全接地电路及触发控制电路)等组成,见图 4-1。

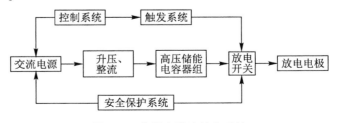

图 4-1 高压电脉冲放电系统

（1）高压电脉冲放电电源　高压电脉冲放电电源为中国科学院电工研究所研制，主要由储能电容器组充放电控制与触发系统、放电开关等组成，其实物图如图 4-2 所示。输入电压为 220 V/50 Hz，经升压后，放电电压可达 5~15 kV，功率为 1 kW。充电回路首先将三相交流电经整流、滤波、半桥逆变、工频变压器升压，然后通过高压硅堆整流后向储能电容器组充电，充电至所需电压后系统自动停充，然后触发放电开关，放电电极将水击穿进行放电，高压电脉冲电源性能主要技术参数如表 4-1 所示。

表 4-1　高压电脉冲电源性能参数

| 输入电源 | 脉冲放电电压 | 功率 | 单次脉冲能量 | 电容值 | 脉冲间隔 | 设备寿命 |
| --- | --- | --- | --- | --- | --- | --- |
| 50~220 kV | 5~15 kV | 1 kW | 0.27~6.75 kJ | 60 μF | 20 s | >1 万次 |

图 4-2　高压电脉冲放电电源实物

（2）放电触发开关　放电开关采用如图 4-3 所示的三电极点火开关。上下主电极 1 和 2 为耐电弧烧蚀的合金材料平板电极，触发极 3 在电极 2 中心孔中，缩进绝缘套管数毫米。当给触发极收到一个触发脉冲，触发极和下主电极间就会产生电火花，上下主电极间因电位差而产生电弧击穿导通放电回路。开关的上盖由绝缘材料制成，碗形底座由钢材制成，上盖与底座用卡箍和销钉紧固在一起。

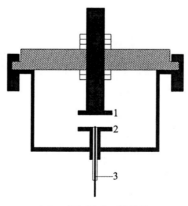

1,2—主电极；3—触发极

图 4-3　放电开关结构示意图

该放电开关具有耐电流能力大,性能可靠,操作及检修方便,耐湿度强的特点。

（3）放电电极　放电电极是完成能量转换的关键部件,是该实验系统的核心。为了形成稳定的电弧放电,要求放电电极间的距离保持稳定并且耐电弧烧蚀。本实验采用图 4-4 所示对极结构加弧面反射体放电电极,为保证放电间距稳定的要求,电极采用同轴结构。中心的高压极采用直径 10 mm 的铜质圆棒,低压极采用环状整体不锈钢材质的钢管制成,钢管外径 30 mm,壁厚 5 mm,两极间距 5 mm。试验证明在放电过程中电极未变形,导电性良好,能达到实验的要求, 实物图如图 4-5 所示。

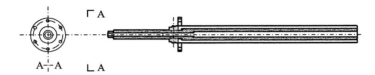

**图 4-4　放电电极示意图**

**图 4-5　放电电极实物**

（4）同轴传输电缆　储能电容器组充电结束后经放电开关和输电电缆,将电能输送给放电电极,传输电缆起着能量输送的作用,其电感和电阻是影响传输效率的重要参数。电感影响电流上升率,进而影响压力波的振动强度;电阻影响能量传输效率。实验采用同轴式双层铠装电缆,其基本参数为:①结构为同轴式双层铠装,芯线截面积 35 mm²,外径 25 mm,绝缘采用交联聚乙烯,绝缘层厚 4 mm,工作电压 20 kV,耐直流电压 30 kV,长 10 m,自重 200 kg;②工作环境温度 -15~105 ℃;③变形量<0.05%;④滚筒尺寸为内径 600 mm,外径 1500 mm,长 1200 mm,采用不导磁钢材。

## 4.1.2　承压管道系统

为了探究高压放电、冲击波波形等实验的基本参数,研制承压管道系统和水力加压系统。承压管道系统主要由放电室、水激波传递管道及法兰盘组成,如图 4-6 所示。其中,放电室是由 30 Cr Mo 铬钼合金结构钢制成的筒状结构,材料抗拉强度 $\sigma_t \geq 930$ MPa;水激波传递管道由 20# 厚壁无缝钢管制成,内径 96 mm,壁厚 17 mm,抗拉强度 $J \geq 390$ MPa。水力加压系统主要由电动加压泵和相关配套管路组成,加压泵型号为 BD-4DSB-16,设计最大压力 16 MPa,具备自动加压、静水压可调及降压自动补压功能,如图 4-7 所示。

图 4-6　承压管道　　　　　　　　图 4-7　加压泵

### 4.1.3　加载系统

为了对试验煤样进行水中高压电脉冲放电试验,研制了煤样试件加载系统。加载系统由加载设备和刚性三轴压力室组成。试验使用的加载设备是一台双向电动液压泵和三台单向手动液压泵,油缸最大压力输出均可达到 120 T,液压控制系统具有数控稳压功能,可长时间保持恒定的压力并可自动补压。

刚性三轴压力室是放置煤样,进行加载和水中高压电脉冲放电实验的压力容器,由 75 mm 厚钢板及加强肋组成,可保证整个结构的刚度,煤样加压时未产生弹性变形。试验时将煤样放置到压力室中进行模拟地层条件下压力加载试验,竖向荷载通过一台单向手动液压泵加载,水平荷载依靠电动液压泵和另两台单向手动液压泵加压,可实现最大为 13 MPa 的原岩应力模拟,即理论上可以模拟 500 m 深度范围内的任意深度原岩应力环境,加载系统实物如图 4-8 所示。

手动液压泵

电动液压泵

图 4-8　加载系统

### 4.1.4　数据采集系统

为了对水中高压电脉冲放电产生的冲击波波形、压力、煤体的致裂效果等进行研究,实现实验数据的采集与分析,配置了实验的数据采集与分析系统。数据采集与分析系统主要由 CY400 高频压力传感器、TST6250 移动式高速数据存储仪、DAP7.1 瞬态测试分析软件、声发射采集仪及电脑等组成。该系统具有配套设备简单、采样频率高,抗干扰能力强的特点,有效避免了传感器及电荷放大器易受电磁干扰、无法准确测量静压等缺点。

(1)高频压力传感器　实验中测试冲击波压力采用 CY400 高频压力传感器,其量程为 0~50 MPa,采样频率最高 1 MHz,具有 150%的过载能力,工作电压 6 V,能适应−40~105 ℃的工作介质温度,承受 2000 ℃以上的瞬态温度,以及诸如空中爆炸冲击、密闭爆发器、高压容器等高压工作环境。

(2)动态数据储存仪　冲击波波形的数据采集系统采用的是 TST6250 动态数据储存记录仪,该设备集信号调理、数据采集、数据储存与通讯及数据分析处理等多功能为一体。采用嵌入式技术,通过以太网实现控制命令及数据的传输。在试验过程中,当压力波传至压电传感器时,传感器将压力信号转换成电量,传感器输出的电信号通过模数转换器(A/D),转化为数字信号,最后经数据采集系统采集存储,并通过输出到计算机进行分析处理。数据采集系统不仅要保证足够小的采集误差,同时还要有足够高的采样率,该系统具有 24 个通道,采样率 20 M,采样精度 10 bit,采样长度 10 s,完全满足实验的采集速度的要求,如图 4-9 所示。

(3)声发射测试系统　本实验要采集水中高压电脉冲放电煤样裂纹的扩展、断裂,运用声发射仪进行数据的采集。实验采用的设备为美国物理声学公司(PAC 公司)生产的PCI-2 声发射检测仪,该声发射系统主要由 8 个宽频传感器(Nano 30)、8 个前置放大器、主机、采集卡及 AEwin 声发射采集与分析软件组成,实物如图 4-10 所示。该设备采集频率为 20 kHz~3 MHz,放大器增益为 40 dB。在试验过程中传感器与试样接触点采用凡士林作为耦合剂,然后用绝缘胶带固定。

图 4-9　瞬态信号记录仪　　　　　　图 4-10　声发射测试系统

(4)CT 扫描系统　CT 扫描设备采用太原理工大学和中国工程物理研究院应用电子研究所共同开发研制的 μCT225KVFCB 显微 CT 实验系统,该系统主要包括 X 光机、探测器、机械转台、电子学系统,其主体构造如图 4-11 所示。X 光机的最小焦点尺寸为 3 μm,射线锥 25 度,最小焦距可达 4.5 mm,高压范围为 10~225 kV,电流范围为 0.01~3 mA。数字平板探测器采用 Paxssczn 4030 平板探测器作为 X 射线接收器。机械转台由交流伺服电机直接驱动,可以在空间沿三轴作直线和绕转轴转动,直线运动的定位精度

<0.01 mm,直线度<0.01 mm,转台旋转角度分辨率为655360 step/rew,转台旋转重复定位精度<±5 s。电子学系统包括前端数据采集与控制系统和后端图像处理系统,前端数据采集与控制系统主要由主控计算机、X 光机控制盒、伺服控制子系统、图像采集传输/系统和软件模块组成。后端计算机主要承担图像重建运算和数字图像处理任务。该系统实现材料的三维 CT 扫描分析,放大倍数为 1~400 倍,可分辨 0.5 μm 的空隙和 1 μm 宽的裂纹。该扫描系统具有扫描速度快,定位精度高,探测器分辨率高,成像速率快的特点,是目前国内一套具有较高水平的工业 CT 扫描系统。

**图 4-11  μCT225KVFCB CT 扫描仪**

从以上对实验系统的描述可以看出,水中高压电脉冲放电致裂煤体试验系统主要由高压电脉冲放电系统、加载系统、管道承压系统、数据采集测试系统组成。整个实验总体系统结构如图 4-12 所示。

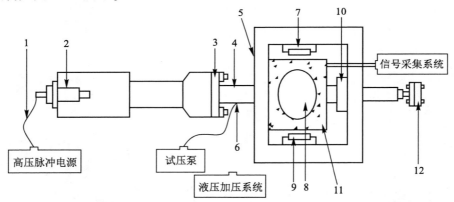

1—同轴传输电缆;2—放电电极;3—粗管道连接法兰;4—细传递管道;5—刚性三轴压力室;
6—高压注水口;7、8、9—超薄千斤顶;10—空心千斤顶;11—煤体试样;12—尾端法兰
**图 4-12  实验总体系统结构**

## 4.2  试验试件制备

实验的煤样取自晋能控股装备制造集团有限公司山西蓝焰控股股份有限公司寺河煤矿的无烟煤,煤样是井下人工采自 3# 煤层、未受到扰动的、具有典型地质单元的煤体。工作面所采煤层平均厚度 6.30 m,煤层倾角为 1°~14°,平均 5°。煤体黑色,条带状结构,似金属光泽,煤的容重 15.15 kN/m³,煤质普氏硬度($f$)2.5~3.8。煤岩样物理力学指标见表 4-2。

表 4-2　煤岩样物理力学参数

| 岩石名称 | 容重 /(kN/m³) | 抗拉强度 /MPa | 抗压强度 /MPa | 弹性模量 /MPa | 泊松比 ($\mu$) | 内聚力 /MPa | 内摩擦角 /(°) | 坚固性系数($f$) |
|---|---|---|---|---|---|---|---|---|
| 煤 | 15.15 | 2.53 | 19.69 | 11065 | 0.30 | 1.78 | 35 | 2.8 |

　　煤中的孔隙和裂隙是煤层气赋存和运移的重要通道,煤体中的孔隙受到煤化程度、矿物含量以及断裂的影响,煤体中的裂隙是由于在成煤过程中受到构造应力、围岩应力等的作用而形成的开裂现象,受外界载荷作用的影响较大。煤岩样结构特征如表 4-3 所示。

表 4-3　煤岩样结构特征

| 煤体结构 | 光泽 | 构造特征 | 节理性质 | 节理面性质 | 断口性质 | 强度 |
|---|---|---|---|---|---|---|
| 原生结构煤 | 明亮 | 层状或条带状构造 | 节理系统发达且有次序 | 节理面平整且被黄铁矿或方解石充填、次生节理面少 | 贝壳状或阶梯状 | 强度较高,用手难以掰开 |

　　煤样运到实验室后首先对原煤样进行前期处理,通过岩石切割机将原煤样切割成大约 270 mm×270 mm×270 mm 的立方体试块,然后晾干后在其外表层均匀地涂抹一层氯丁胶,为的是使煤样与混凝土能够更好地黏结,等氯丁胶和空气接触一段时间后,在涂有氯丁胶煤样外层浇筑一层约 30 mm 厚的混凝土。达到试件表面平整、正交,凹凸高度小于1 mm。其中,混凝土中的水泥采用普通硅酸盐水泥,水泥砂浆重量配比为 1∶3,水灰比为0.5。试件中部预留 $\phi$26 mm 注水孔,为试验注水留下通道,原煤样和加工后煤岩样如图 4-13 所示。

（a）加工之前煤岩样　　　　　　　（b）加工完成后煤岩样

图 4-13　煤岩样

## 4.3　高压电脉冲冲击试验测试

　　水中高压放电产生冲击波和脉动气泡,由此产生的压力波在压力管道中的传播是一种复杂的紊流过程,期间伴随着各流层流体之间剧烈的混掺,流体质点的运动轨迹曲折而混乱,再加之压力波的入射和反射作用引起的振荡,使得测点位置的压力并非单调上升,而是一种振荡上升的过程。为了测得不同放电电压、不同水压情况下高压放电能量的转化情况、不同测距的水激波压力等加载特性,进行了水中高压电脉冲冲击波实验测试。

放电能量的转化率是由电容器储能转化为电弧能量的效率,它与放电的击穿延时有密切关系,击穿延时越长,能量损失越大,放电能量的转化率低。当电压加载在水中放电电极两端时,并不能立即产生冲击波,在此阶段存在着长达几十甚至上百 μs 延迟,这一阶段叫做预击穿阶段或者击穿延时,在此阶段储能电容上的电压存在着明显的泄漏。Touya[209]发现,击穿的延时具有很强的随机性(40~500 μs)。他认为,要实现击穿,至少要向间隙中沉积 200 J 的能量。Oslon 和 Sutton[210]也作出了类似的经验性结论:击穿延时应当正比于的气化液体所需要的临界能。除此之外,击穿延时时间还受放电电压和静水压力的影响。

### 4.3.1 放电电压和静水压对击穿延时的影响

#### 4.3.1.1 放电电压的影响

本试验采用的放电电极是一种同轴电极,见图 4-4、图 4-5,其曲率半径比电极间隙小很多,这时电极尖端电场强度为

$$E_{\mathrm{S}} \approx U_{\mathrm{D}} r \ln \frac{2l}{r} \qquad (4-1)$$

式中:$r$ ——尖端曲率半径,m;

$l$ ——电极间隙距离,m;

$E_{\mathrm{S}}$ ——尖端电场强度,V/m;

$U_{\mathrm{D}}$ ——放电电压,V。

由式(4-1)可知,放电电压越大,电极尖端的电场强度越大。

当水介质被击穿时,根据 Martin 经验公式和 Lupton 经验公式可得出有关水介质击穿场强的类比公式为

$$E_{\mathrm{C}} = \frac{K}{A^{\alpha} T_{\mathrm{b}}^{\beta}} \qquad (4-2)$$

式中:$E_{\mathrm{C}}$ ——水介质击穿时的场强,V/m;

$A$ ——电极有效面积,$\mathrm{m}^2$;

$\alpha$、$\beta$、$K$ ——与放电过程相关的常数, $\alpha$、$\beta$、$K > 0$。

当放电电压产生的场强和水介质击穿场强相当时,即 $E_{\mathrm{S}} = E_{\mathrm{C}}$ 时,将式(4-2)代入式(4-1)中即可得到

$$T_{\mathrm{b}} \approx \sqrt[\beta]{\frac{K}{A^{\alpha} U_{\mathrm{D}} r \ln \frac{2l}{r}}} \qquad (4-3)$$

从上式可看出,在其他实验参数保持不变的情况下,随着放电电压的提高,放电延时在减小。

#### 4.3.1.2 静水压力的影响

文献 [211]等认为,水中高压放电时,静水压力对于液体介质的击穿场强有着较大的影响。根据俄罗斯科学院西伯利亚研究分院提出的液体中气泡变形的动力学方程:

$$R^2 \frac{d^2 r}{dt^2} + \frac{3}{2} \left( \frac{dr}{dt} \right)^2 + \frac{4\eta}{\rho R} \frac{dr}{dt} + \frac{2\sigma}{\rho r} = \frac{1}{p} [p_{pd}(t) - p_{out} + p_s(T)] \qquad (4-4)$$

式中：$\eta$ ——液体黏度；

$\quad\quad\sigma$ ——气泡表面张力，kN；

$\quad\quad p_{pd}$ ——水中气泡放电产生的电荷因库仑作用而形成的对气泡表面的压强，MPa；

$\quad\quad p_{out}$ ——气泡外部水介质压强，MPa；

$\quad\quad T$ ——温度，K；

$\quad\quad\rho$ ——液体密度，kg/m³；

$\quad\quad p_s$ ——液体蒸汽压，MPa；

$\quad\quad R$ ——气泡初始半径，mm；

$\quad\quad r$ ——气泡半径，mm。

从式(4-4)可知在水介质的击穿过程中存在着三种作用力，水压 $p_{out}$、气泡内压 $p_s$ 以及因电场力作用而产生的对气泡内壁的压力 $p_{pd}$。这三种作用力互相作用，影响着气泡击穿通道的膨胀变形。

在常压状态下，击穿通道的气泡壁上所受到的合力为

$$p_{sum} = \frac{p_{out} - p_s - 3\varepsilon_0 \varepsilon_1 E^2}{2 + \Delta p_e + \Delta p_\eta - \Delta p_{str} + p_\sigma} \leqslant 0 \qquad (4-5)$$

击穿延时 $T_b$ 为等离子体气泡击穿通道贯穿两极所需要的时间，当 $p_{out}$ 增加使得 $p_{sum} \geqslant 0$ 时，有

$$T_b = \frac{(2\varepsilon_r + 1)\rho U_p}{6\varepsilon_0 \varepsilon_r \mu E^4} \left\{ \left[ \frac{9\varepsilon_0 \varepsilon_r E^4}{(2\varepsilon_r + 1) U_p} \left( r - \frac{(2\varepsilon_r + 1) U_p}{6\varepsilon_r E} \right) \right]^{\frac{2}{3}} + \frac{2p_{sum}}{3\rho} \right\} \qquad (4-6)$$

由式(4-6)可知，$p_{sum}$ 随着 $p_{out}$ 的增加而增加，当 $p_{sum} \geqslant 0$ 时，击穿延时 $T_b$ 也随之增加。这是因为当水压 $p_{out}$ 增加时，水的密度增加，电离通道半径减小，而电离通道半径的平方根与电弧电阻 $R$ 成反比，导致液中放电产生的电弧电阻 $R$ 增加，从而增大击穿延时 $T_b$。但是击穿延时 $T_b$ 并不是随着水压的增大而无限增大，据文献[55]可知，当水压力达到某一数值 $p_s$ 时，电弧通道内等离子体密度已近于周围水介质的密度，通道形状趋于稳定，近似于刚体。因此，即使水压 $p_{out}$ 再增加，对等离子体的半径及形状的影响也已很弱，电弧电阻值 $R$ 将不再受 $p_{out}$ 的影响。因此，当水压增大到临界值 $p_s$ 后击穿延时 $T_b$ 将趋于稳定。

## 4.3.2　水激波压力的变化规律测试

### 4.3.2.1　水激波压力测试及实验数据

高电压水中放电以后，在放电的前期，放电电极附近，很短的时间之内产生水激波（冲击波），波的上升前沿较陡，然后以指数形式衰减。在放电的后期，形成气泡脉动，波的特征是上升和衰减均按近似指数函数变化，最终衰减成振动波（地震波）。其中冲击波的能量大、峰值压力大、作用时间短，气泡脉动压力携带的能量与冲击波能量相当，虽然压力峰值较小，但作用时间较长。

冲击波对煤体的作用效果与冲击波能量和峰值有关。由第 2 章可知，冲击波的压力又与静水压力有关，利用实验平台对不同水压和电压条件下不同测距的冲击波压力进行

了测量,为以后的实验提供一定理论基础。

　　水激波在压力管道内传播时经历若干次反射后会衰减成为声波,由于第一压力脉冲波峰压力值较大,既能反映水激波的加载特性,又与放电能量密切相关,故而选择其值作为研究对象来评价水激波的加载特性。图 4-14、图 4-15 为不同电压和水压条件下管道内距放电电极分别是 0.5 m、1 m 处压力传感器采集到的部分水激波典型波形图。

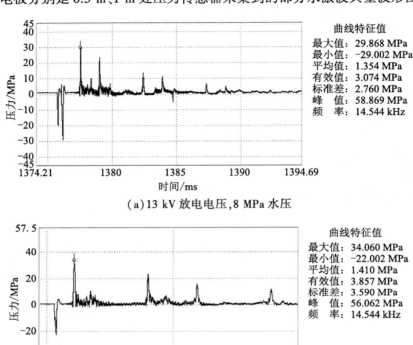

曲线特征值
最大值:29.868 MPa
最小值:−29.002 MPa
平均值:1.354 MPa
有效值:3.074 MPa
标准差:2.760 MPa
峰　值:58.869 MPa
频　率:14.544 kHz

(a)13 kV 放电电压,8 MPa 水压

曲线特征值
最大值:34.060 MPa
最小值:−22.002 MPa
平均值:1.410 MPa
有效值:3.857 MPa
标准差:3.590 MPa
峰　值:56.062 MPa
频　率:14.544 kHz

(b)13 kV 放电电压,6 MPa 水压

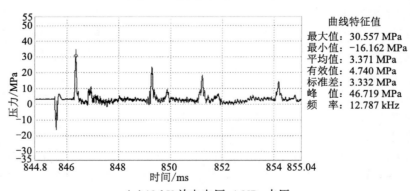

曲线特征值
最大值:30.557 MPa
最小值:−16.162 MPa
平均值:3.371 MPa
有效值:4.740 MPa
标准差:3.332 MPa
峰　值:46.719 MPa
频　率:12.787 kHz

(c)13 kV 放电电压,4 MPa 水压

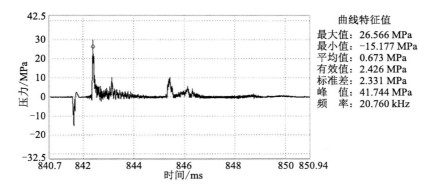

（d）13 kV 放电电压，3 MPa 水压

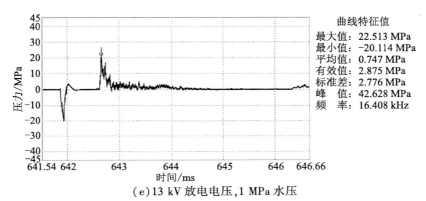

（e）13 kV 放电电压，1 MPa 水压

**图 4-14　距放电电极 0.5 m 处冲击波峰压力值**

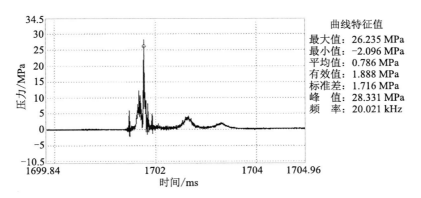

（a）13 kV 放电电压，8 MPa 水压

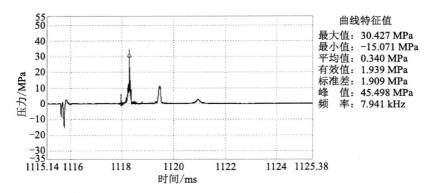

曲线特征值

最大值：30.427 MPa
最小值：-15.071 MPa
平均值：0.340 MPa
有效值：1.939 MPa
标准差：1.909 MPa
峰　值：45.498 MPa
频　率：7.941 kHz

（b）13 kV 放电电压，6 MPa 水压

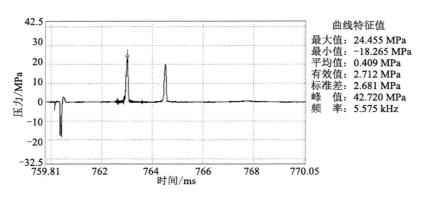

曲线特征值

最大值：24.455 MPa
最小值：-18.265 MPa
平均值：0.409 MPa
有效值：2.712 MPa
标准差：2.681 MPa
峰　值：42.720 MPa
频　率：5.575 kHz

（c）13 kV 放电电压，4 MPa 水压

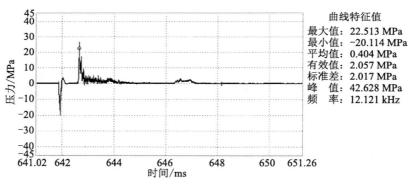

曲线特征值

最大值：22.513 MPa
最小值：-20.114 MPa
平均值：0.404 MPa
有效值：2.057 MPa
标准差：2.017 MPa
峰　值：42.628 MPa
频　率：12.121 kHz

（d）13 kV 放电电压，3 MPa 水压

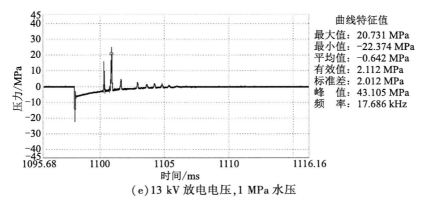

（e）13 kV 放电电压，1 MPa 水压

**图4-15　距放电电极1 m处冲击波峰压力值**

由图4-14、图4-15可知，水激波到达管道侧壁点位置，测点位置处首先接收到压应力，然后接收到拉应力，并且应力值迅速上升，且上升陡峭，然后以指数形式衰减；水激波波峰过后，由于气泡脉动现象的存在，波后出现多次脉动冲击，但峰值压力已经迅速减小。由于传感器采集到的压力值为静水压力与冲击波第一峰值压力的和，所以整理的第一波峰压力值为减去相应静水压力值后的数值，具体数据见表4-4。

**表4-4　脉冲第一波峰压力值表**

| （电压，水压）/（kV，MPa） | 测点距离 | | （电压，水压）/（kV，MPa） | 测点距离 | |
|---|---|---|---|---|---|
| | 0.5 m | 1 m | | 0.5 m | 1 m |
| （7，1） | 13.21 | 12.21 | （11，1） | 17.45 | 15.23 |
| （7，3） | 19.28 | 15.18 | （11，3） | 22.05 | 16.98 |
| （7，4） | 18.42 | 14.42 | （11，4） | 25.45 | 19.41 |
| （7，6） | 18.01 | 13.58 | （11，6） | 24.04 | 19.08 |
| （7，8） | 17.17 | 14.63 | （11，8） | 19.87 | 17.41 |
| （9，1） | 15.14 | 14.54 | （13，1） | 21.51 | 16.08 |
| （9，3） | 20.08 | 15.26 | （13，3） | 23.57 | 19.51 |
| （9，4） | 22.25 | 16.48 | （13，4） | 26.56 | 20.46 |
| （9，6） | 23.81 | 18.31 | （13，6） | 28.06 | 24.43 |
| （9，8） | 18.31 | 16.11 | （13，8） | 21.86 | 18.24 |

#### 4.3.2.2　试验数据处理

（1）距放电电极1 m处，峰值压力与水压和电压之间的关系。对距放电电极1 m处所得到的不同电压和水压条件下的第一脉冲波峰值压力实验数据进行整理、拟合及分析。图4-16为不同电压条件下距离放电电极1 m处峰值压力随水压的变化而得的实验数据及拟合曲线。

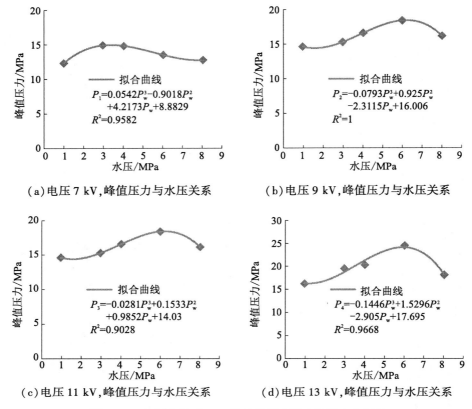

（a）电压 7 kV，峰值压力与水压关系　　　（b）电压 9 kV，峰值压力与水压关系

（c）电压 11 kV，峰值压力与水压关系　　　（d）电压 13 kV，峰值压力与水压关系

**图 4-16　不同电压时，1 m 处峰值压力随水压的变化规律**

进一步分析可得不同水压条件下峰值压力随电压变化的拟合曲线，如图 4-17。

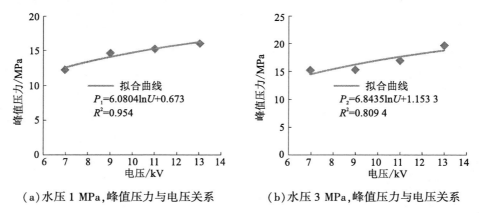

（a）水压 1 MPa，峰值压力与电压关系　　　（b）水压 3 MPa，峰值压力与电压关系

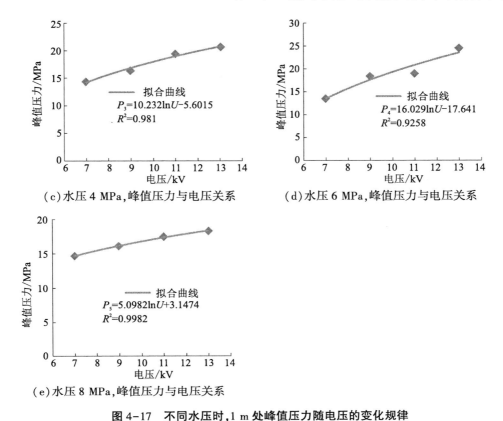

（c）水压 4 MPa,峰值压力与电压关系　　（d）水压 6 MPa,峰值压力与电压关系

（e）水压 8 MPa,峰值压力与电压关系

**图 4-17　不同水压时,1 m 处峰值压力随电压的变化规律**

图 4-18 为距放电电极 1 m 处,第一脉冲峰值压力与电压和水压的变化规律曲线。

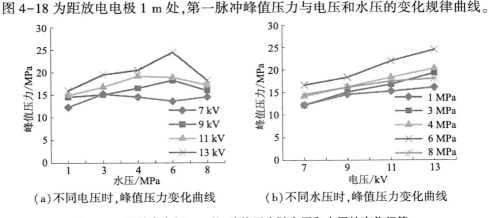

（a）不同电压时,峰值压力变化曲线　　（b）不同水压时,峰值压力变化曲线

**图 4-18　距放电电极 1 m 处,峰值压力随电压和水压的变化规律**

（2）距放电电极 0.5 m 处,峰值压力与水压和电压之间的关系。为了进一步探索不同距离对峰值压力的影响,对距放电电极 0.5 m 处所得到的不同电压和水压条件下的第一脉冲波峰值压力实验数据进行整理、拟合及分析。图 4-19 为不同电压条件下距离放电电极 0.5 m 处峰值压力随水压变化的实验数据及拟合曲线。

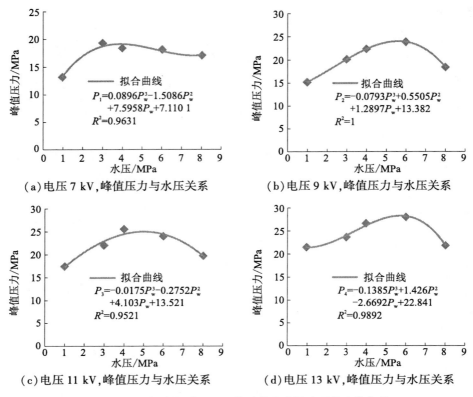

（a）电压 7 kV，峰值压力与水压关系　　（b）电压 9 kV，峰值压力与水压关系

（c）电压 11 kV，峰值压力与水压关系　　（d）电压 13 kV，峰值压力与水压关系

**图 4-19　不同电压时，0.5 m 处峰值压力随水压的变化规律**

进一步分析可得不同水压条件下峰值压力随电压变化的实验数据及拟合曲线，如图 4-20 所示。

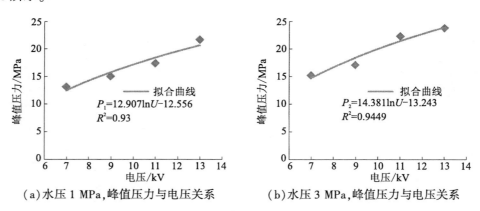

（a）水压 1 MPa，峰值压力与电压关系　　（b）水压 3 MPa，峰值压力与电压关系

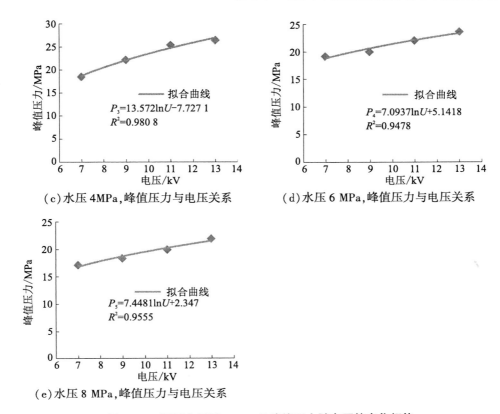

（c）水压 4MPa,峰值压力与电压关系　　（d）水压 6 MPa,峰值压力与电压关系

（e）水压 8 MPa,峰值压力与电压关系

**图 4-20　不同水压时,0.5 m 处峰值压力随电压的变化规律**

图 4-21 为距放电电极 0.5 m 处,第一脉冲峰值压力与电压和水压的变化规律曲线。

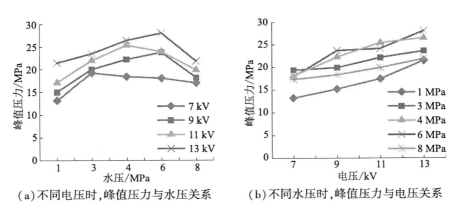

（a）不同电压时,峰值压力与水压关系　　（b）不同水压时,峰值压力与电压关系

**图 4-21　距放电电极 0.5 m 处,峰值压力随电压和水压的变化规律**

#### 4.3.2.3　试验结果分析

（1）由图 4-16、图 4-18（a）,在距放电电极 1 m 处,在不同的电压条件下,第一脉冲峰值压力表现为随着水压的增大呈现出先增大后减小的趋势,水压在 3~6 MPa 时,冲击

波峰值压力较大。利用软件进行数据拟合,拟合方程近似可由式 $P_i = a_i P_w^3 + b_i P_w^2 + c_i P_w + d_i$ ($i = 1,2,3,4$)表示,其中 $P_i$ 为脉冲峰值压力,$P_w$ 为水压,$a_i, b_i, c_i, d_i$ 为拟合系数,拟合方程及相似度如公式(4-7),脚标1、2、3、4分别代表 7 kV、9 kV、11 kV、13 kV 电压下的冲击波峰值压力。

$$P_1 = 0.0542P_w^3 - 0.9018P_w^2 + 4.2173P_w + 8.8829 \qquad R^2 = 0.9582$$
$$P_2 = -0.0793P_w^3 + 0.9250P_w^2 - 2.313P_w + 16.006 \qquad R^2 = 1$$
$$P_3 = -0.0281P_w^3 + 0.1533P_w^2 + 0.9852P_w + 14.03 \qquad R^2 = 0.9028 \qquad (4-7)$$
$$P_4 = -0.1446P_w^3 + 1.5296P_w^2 - 2.905P_w + 17.695 \qquad R^2 = 0.9668$$

由图4-17、图4-18(b),在不同的水压条件下,第一脉冲峰值压力表现为随着电压的增大呈增加的趋势,也就是放电电压越大,脉冲波第一峰值压力越大。利用软件进行数据拟合,拟合方程近似可由式:$P_i = f_i \ln U + g_i$ 表示,其中 $P_i$ 为脉冲峰值压力,$U$ 为水压,$f_i, g_i$ 为回归系数,拟合公式如(4-8),脚标1、2、3、4分别代表水压 1 MPa、3 MPa、4 MPa、6 MPa、8 MPa 条件下的峰值压力:

$$P_1 = 6.0804\ln U + 0.6730 \qquad R^2 = 0.954$$
$$P_2 = 6.8435\ln U + 1.1533 \qquad R^2 = 0.8094$$
$$P_3 = 10.232\ln U - 5.6015 \qquad R^2 = 0.981 \qquad (4-8)$$
$$P_4 = 16.029\ln U - 17.641 \qquad R^2 = 0.9258$$
$$P_5 = 5.9082\ln U + 3.1474 \qquad R^2 = 0.9982$$

(2)由图4-19、图4-21(a),在距离放电电极 0.5 m 处,在不同的电压条件下,第一脉冲峰值压力表现与距放电电极 1 m 处相似,也表现为随着水压的增大呈现出先增大后减小的趋势。拟合方程为

$$P_1 = 0.0896P_w^3 - 1.5086P_w^2 - 7.5958P_w + 7.1101 \qquad R^2 = 0.9631$$
$$P_2 = -0.0793P_w^3 + 0.5505P_w^2 + 1.2897P_w + 13.38 \qquad R^2 = 0.9869$$
$$P_3 = -0.0175P_w^3 - 0.2752P_w^2 + 4.103P_w + 13.521 \qquad R^2 = 0.9958 \qquad (4-9)$$
$$P_4 = -0.1385P_w^3 + 1.426P_w^2 - 2.6692P_w + 22.841 \qquad R^2 = 0.9892$$

由图4-20、4-21(b),在不同的水压条件下,第一脉冲峰值压力表现为随着电压的增大而增加的趋势。拟合方程为

$$P_1 = 12.907\ln U - 12.556 \qquad R^2 = 0.93$$
$$P_2 = 14.381\ln U - 13.243 \qquad R^2 = 0.9449$$
$$P_3 = 13.572\ln U - 7.7271 \qquad R^2 = 0.9808 \qquad (4-10)$$
$$P_4 = 7.0737\ln U + 5.1418 \qquad R^2 = 0.9478$$
$$P_5 = 7.4481\ln U + 2.3470 \qquad R^2 = 0.9555$$

根据以上拟合的公式,可最终得到距放电电极分别为 1 m 和 0.5 m 处,不同电压、水压综合作用下第一脉冲峰值压力的拟合方程:

$$P = (-0.0495P_w^3 + 0.4265P_w^2 + 0.0039P_w + 14.1535)^{\frac{1}{2}}(9.0186\ln U - 18.2688)^{\frac{1}{2}}$$

1 m 处

$$P = (-0.0364P_w^3 + 0.0482P_w^2 - 1.2181P_w + 14.213)^{\frac{1}{2}}(11.0762\ln U - 5.2075)^{\frac{1}{2}} \quad 0.5 \text{ m 处}$$

(4-11)

公式(4-11)可以为求解不同电压、水压条件下,不同距离处水中高压电脉冲放电产生的冲击波第一脉冲峰值压力提供理论依据。

由图 4-18、图 4-21 可以看到,在距放电电极 1 m 和 0.5 m 处第一脉冲波峰值压力随水压、电压的变化趋势是一致的,但是拟合方程的系数不同,在相同的电压和水压的情况下,随着距放电电极距离的增加,第一脉冲波峰值压力减小。

虽然每次放电有差异性与偶然性,但是由图 4-16~图 4-21 不难发现在水压不变的情况下随着电压的增大,第一脉冲波压力峰值和平均峰值都有所增加,其原因是电压越大,放电能量越大,转化为冲击波的能量越大,由冲击波的波前最大压力与放电能量的关系式(2-9)可知,能量越大,其峰值压力越高;当电压相同时,脉冲波第一峰值压力随着水压的增加而呈现出先增大后减小的趋势,过高的水压力对放电能量有一个抑制作用,导致脉冲波第一峰值压力出现波动;同时,在相同的电压、水压情况下,随着离放电电极距离的增加,第一压力脉冲波峰压力值衰减非常迅速,激波峰值压力随距离的增大而减小。说明随着距离的增加,脉冲波能量损失较大,压力衰减迅速,距离对压力有较大影响。

 # 本章小结

基于水中高压电脉冲理论研制了煤体增透试验平台,对各实验系统的基本工作原理与各部分技术特征进行了阐述,并进行了高压电脉冲水中放电冲击波峰值压力测试实验,制备了试验所用的煤样试件。通过以上工作得到如下结论:

(1)放电能量的转化率受放电的击穿延时影响较大,击穿延时越长,能量损失越大,放电能量的转化率越低。

(2)在静水压力不变的情况下,击穿延时随着放电电压的增加而减小;当放电电压不变时,击穿延时随着水压的增加而增加,但当增加到某一临界值 $P_s$ 后击穿延时将趋于稳定。

(3)水中高压放电产生的电脉冲压力波波形特征是先产生压应力,后产生拉应力,而且拉应力的上升前沿较陡,经最大幅值后以近 e 指数衰减,然后以几个连续的衰减脉冲形式重复。能形成第一、二、三压力脉冲,其中第一脉冲为冲击波所形成的,第二、三脉冲为脉动气泡所形成。

(4)在水压保持稳定的情况下,放电电压越大,转化为冲击波的能量越大,水激波的第一峰值压力随着电压的增大而增大。在放电电压不变的情况下,脉冲波第一峰值压力随着水压的增加出现先增大后减小的趋势。在水压与电压均保持不变的情况下,随着与放电电极距离的增加,峰值压力逐渐衰减。

# 第5章

# 高压电脉冲水力压裂煤岩体试验研究

上一章建立了高压电脉冲水力压裂实验平台,进行了水中电脉冲冲击试验测试,并对冲击波的特征进行了分析。为了研究水中高压电脉冲应力波对煤岩体的作用效果和特性,进而揭示其致裂增渗机理,利用搭建的实验平台,模拟地应力条件下对煤岩样试件进行重复冲击试验,分析不同放电电压、静水压力条件下煤岩样试件的压裂情况,分析试样产生宏观与微观裂隙的效果。

## 5.1 高压电脉冲试验方案设计

### 5.1.1 试验目的

为了测定煤岩样试件在不同静水压力及不同放电电压情况下压裂效果,在静水压力的基础上进行了水中高压放电,利用静荷载以及高压脉冲放电产生的脉冲压力的复合冲击作用来研究煤样裂纹的起裂、扩展发育等演化规律,以此来评价产生不同压裂效果的试验参数。

### 5.1.2 试验前准备

试验前应将试验平台的各个系统进行组装,并检查各系统的性能和协调工作情况。具体工作情况如下:

(1)承压管道连接:将放电室和水激波传递管道通过法兰盘连接,法兰盘通过螺栓和刚性密封圈连接,刚性密封圈上涂有密封胶。

(2)电极安装:将放电电极放入放电室,通过端头螺母将电极拧紧,由于放电能量很大,拧紧螺母后再用压紧盖将其压紧,电极与放电室接触部分涂有润滑油,以保证电极顺利放入。

(3)承压管道密闭性检测:由于试验时承压管道内要注入高压水,所以试验前一定要进行密闭性检验。通过加压泵向管道内泵水,通过观察加压泵上的压力表来确定是否有掉压现象,若无掉压现象,说明管道密封性能良好,若存在掉压现象,则寻找漏水点并加强密封,直到水压稳定为止。

（4）脉冲设备充电：按下控制箱上的"断电"与"充电"按钮，进行充电工作，达到预设电压后按下"停充"按钮，充电完毕。

（5）采集系统参数设置：冲击波数据采集系统采用 TST6250 动态数据储存记录仪，采集频率为 1 MHz，采样长度为 2 MHz，采用手动触发方式；声发射测试采用 PCI-II 型声发射监测系统，参数设置如下：前置增益，40 dB；频率范围，5~500 kHz；采样频率 1 MHz，预触发 256；门槛值 45 dB（背景噪声为 40 dB）。

（6）脉冲设备放电：点击"开始采集"按钮后即触发控制箱上的"点火"按钮，放电完成后触发"接地"按钮，将剩余电量释放到大地中。

（7）为了进行实验前后煤岩样超声波扫描，实验前将试件的每个边缩进 25 mm 后开始画线，线与线之间的距离为 50 mm，最终以注水孔为中心组成"田"字形网格，如图 5-1 所示。标注出行与列，横向最上面为第一行，竖向最左侧为第一列，以此类推，并用坐标轴平面与数字编号进行不同检测点的区分，以 XY 面为例，第一行第一列是 XY1-1，第一行第二列是 XY1-2，以此类推。煤岩样试件实物及超声波检测仪如图 5-2、图 5-3 所示。

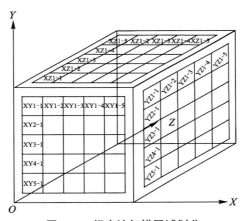

图 5-1　超声波扫描区域划分

图 5-2　划线后煤样

图 5-3　超声波检测仪

### 5.1.3　试验结果评价方法

为了研究水中高压放电致裂煤岩体的效果，应对试验前后煤岩体中的裂纹进行评价。目前煤岩体中裂隙定量表征方法主要有以下4种：①对裂隙的密度、长度、宽度进行统计,如姚艳斌等[212]根据显微裂隙的宽度和长度将其分为四种类型,统计各类微裂隙的密度;②利用分形理论计算裂隙的分形维数[213];③借助超声波波速变化间接反映裂隙的发育程度[151];④利用CT扫描技术对煤体内部微观裂隙进行可视化表征[214-216]。本章首先对试验结果采用后两种方法及声发射实时监测方法对煤岩体压裂效果进行定性评价。

## 5.2 相同静水压力及不同放电电压条件下煤岩样压裂结果分析

### 5.2.1 试验步骤

为研究原始煤岩样微观裂隙和缺陷情况,在试验开始前取一块原始煤样(1#煤样)不做压裂实验,沿钻孔钻取煤芯进行CT扫描,研究煤岩内部原始微观裂隙的分布情况。

对2#、3#、4#、5#煤岩样试件进行模拟地层压力条件下的水压致裂试验,其中对2#煤样只进行单一的3 MPa静水压力试验,对3#~5#煤岩样进行3 MPa静水压力基础上的不同放电电压的电脉冲水压致裂试验,对6#~7#煤岩样进行9 kV放电电压不变的不同静水压力的电脉冲水压致裂试验,具体试验步骤如下:

(1)将2#煤岩样试件装入刚性三轴压力室内并保证钻孔的位置对中,围压与轴压分级交替加载至设定值(竖向轴压5 MPa,围压4 MPa),并始终保持住压力不变。

(2)在试件四周贴4个互相对称的NANO声发射探头,记录声发射事件的参数与波形并进行实时定位,探头的大小为 $\phi19$ mm×21 mm,设定声发射测试分析系统的主放为45 dB,阈值35~45 dB,探头谐振频率为20~400 kHz,采样频率为106次/s,为保障探头与试件间紧密结合,在探头与试件之间抹一层黄油作为耦合剂,并用透明胶带固定。

(3)压力泵开始向压力室内注水,然后开始加压,待管道内水压达到3 MPa时,停止加压,并保持水压不变。

(4)静水加压30 min后卸除水压,打开注水孔释放掉管道内的水,将煤岩吊出。

(5)待2#煤岩样取出后,参照步骤(1)、步骤(2)、步骤(3),将3#、4#、5#煤岩样分三次放入刚性压力室内,向管道内注水,保持静水压力为3 MPa不变,在高压电脉冲源上分别设置冲电电压,然后接通放电开关,电极在高压水中放电,放电电压分别为9 kV、11 kV、13 kV 每块试件重复放电10次后,停止放电。6#~7#煤样保持9 kV电压不变,设置水压分别是1 MPa、5 MPa,重复上面的试验步骤进行试验。

(6)在放电的同时,连接好声发射采集系统进行煤岩样声发射信号的采集。

(7)放电完成后,关掉高压电脉冲电源,释放掉管道内的水,将煤岩样吊出箱体。

(8)将煤岩样从压力室取出后,首先利用超声波探伤仪对每块试件三组对应面进行超声波首波传播时间的测试,分析宏观裂隙的产生情况;然后应用Z1Z(W)-200e型万向工程钻机进行煤样的钻孔取样,取样时钻具套筒内外壁涂抹润滑油,取样时极其缓慢进行,同时不断浇水,尽量减少套筒对煤体的扰动(以期最大限度地减少取样工作对试件裂缝的影响)。每块试件取芯直径分为80 mm、20 mm两种类型,其中80 mm直径的煤样以中心钻孔的中心为原点取样,20 mm直径的煤样钻孔间距尽量保持一致,对称钻孔,钻孔具体位置如图 5-4 所示,其中①号钻孔直径分别为 80 mm,②、③、④、⑤、⑥号钻孔直径均为 20 mm。

(9)煤样取出后放于密封袋中,然后拿到 CT 室进行扫描,扫描完成后,扫描数据经软件 VCTiS4.2.1 for Reconstruction 滤波、重建,由于每个钻芯构建有 1500 多层,即可获得 1500 多幅试件断面扫描图像,由于篇幅有限,对每一个煤岩样的钻芯扫描结果仅选取具有代表性的层数,其余相似层不再叙述。图 5-5 为所钻取的部分煤岩样。

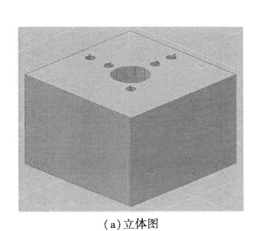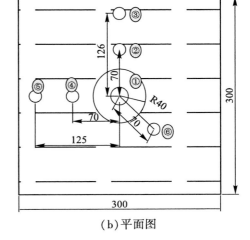

(a)立体图　　　　　　　　　　　　　(b)平面图

**图 5-4　试件钻孔分布位置图**

**图 5-5　部分煤岩样的钻芯**

## 5.2.2　试验结果及分析

### 5.2.2.1　宏观裂纹扩展演化评价

超声波检测试件缺陷的原理是通过分析超声波在试件中传播时间、频率、振幅等参数的相对变化,来判定试件的缺陷。超声波在煤体中传播的快慢与煤岩样中裂纹的大小、数量、宽度、分布状态等都有密切的关系。若传播速度较快,则煤体中裂纹较少或宽度较小;相反,煤岩样初始裂纹较多、宽度较大,则超声波在裂纹处发生反射和折射,测得的传播时间必然变长。在接收通过煤岩体的超声波时,首先接收到的纵波叫首波,其后则是纵波的余震波,横波和表面波的叠加,所以可以用首播的声时来表征裂纹的性状。

在线弹性断裂力学中,平面裂隙的密度参数定义为[217]

$$\chi = N\pi < a^2 > \tag{5-1}$$

式中：$N$ ——单位面积中所存在的裂隙数量，个；

$a$ ——裂隙的半长度，m；

$< >$ ——表示平均。

设煤体的弹性模量和泊松比为 $E_0$、$\nu_0$，裂隙密度参数为 $\chi$，运用能量原理得到裂隙岩石等效弹性参数与裂纹密度的关系为

$$\begin{cases} \bar{E} = \dfrac{1-\chi}{1-\nu_0^2\chi}E_0 \\[3mm] \bar{\nu} = \dfrac{1-\chi}{1-\nu_0^2\chi}\nu_0 \end{cases} \tag{5-2}$$

设试验前煤岩体波速为 $V_{pm}$，试验后的煤岩体波速为 $V_{p0}$，则有

$$\frac{V_{p0}}{V_{pm}} = \left[\frac{\bar{E}(1-\bar{\nu})(1+\nu_0)(1-2\nu_0)}{E_0(1-\nu_0)(1+\bar{\nu})(1-2\bar{\nu})(1-\varepsilon_v^\varphi)}\right]^{1/2} \tag{5-3}$$

式中：$E_0$、$\nu_0$ ——试验前弹性模量和泊松比；

$\bar{E}$、$\bar{\nu}$ ——试验后煤岩体的等效弹性模量和泊松比；

$\varepsilon_v^\varphi$ ——煤岩的空隙率。

通过上式可知煤岩体中的裂隙密度将影响到试验前后超声波在煤岩体中的传播速度，通过分析试验前后超声波在煤岩体中传播速度的变化就可判断煤岩体试件裂缝的数量和分布范围，在试验中可以用首波的声时来表征裂纹的性状。

超声波检测时是将两个探头即发射探头和接收探头在试件的对立面用黄油耦合后紧密贴合，从左往右，顺次由上及下检测数据，每检测一次，记录一次数据。

（1）2#煤岩样试件超声波检测结果分析

记录试验前后超声波首波声时，并进行差值计算，得到的数据如表5-1所示。

表 5-1  2#煤岩样的超声扫描数据

| 测点序号 | 首波声时/μs | | | 测点序号 | 首波声时/μs | | | 测点序号 | 首波声时/μs | | |
|---|---|---|---|---|---|---|---|---|---|---|---|
| | 试验前 | 试验后 | 相差 | | 试验前 | 试验后 | 相差 | | 试验前 | 试验后 | 相差 |
| XY1-1 | 70 | 77 | 7 | YZ1-1 | 77 | 82 | 5 | XZ1-1 | 67 | 72 | 5 |
| XY1-2 | 73 | 87 | 14 | YZ1-2 | 81 | 88 | 7 | XZ1-2 | 71 | 91 | 20 |
| XY1-3 | 77 | 91 | 14 | YZ1-3 | 92 | 102 | 10 | XZ1-3 | 73 | 80 | 7 |
| XY1-4 | 75 | 88 | 13 | YZ1-4 | 75 | 82 | 7 | XZ1-4 | 69 | 78 | 9 |
| XY1-5 | 68 | 73 | 5 | YZ1-5 | 70 | 76 | 6 | XZ1-5 | 63 | 67 | 4 |
| XY2-1 | 71 | 78 | 8 | YZ2-1 | 75 | 83 | 8 | XZ2-1 | 66 | 88 | 12 |
| XY2-2 | 89 | 114 | 15 | YZ2-2 | 96 | 109 | 13 | XZ2-2 | 88 | 103 | 16 |
| XY2-3 | 80 | 101 | 21 | YZ2-3 | 92 | 113 | 21 | XZ2-3 | 95 | 112 | 17 |
| XY2-4 | 82 | 95 | 13 | YZ2-4 | 92 | 106 | 14 | XZ2-4 | 74 | 84 | 10 |
| XY2-5 | 70 | 76 | 6 | YZ2-5 | 74 | 88 | 14 | XZ2-5 | 64 | 69 | 5 |

续表 5-1

| 测点序号 | 首波声时/μs | | | 测点序号 | 首波声时/μs | | | 测点序号 | 首波声时/μs | | |
|---|---|---|---|---|---|---|---|---|---|---|---|
| | 实验前 | 实验后 | 相差 | | 实验前 | 实验后 | 相差 | | 试验前 | 试验后 | 相差 |
| XY3-1 | 72 | 81 | 12 | YZ3-1 | 75 | 84 | 9 | XZ3-1 | 67 | 77 | 10 |
| XY3-2 | 102 | 114 | 12 | YZ3-2 | 94 | 110 | 16 | XZ3-2 | 82 | 104 | 22 |
| XY3-3 | 91 | 107 | 16 | YZ3-3 | 93 | 116 | 23 | XZ3-3 | 未测 | 未测 | 未测 |
| XY3-4 | 83 | 93 | 10 | YZ3-4 | 92 | 107 | 15 | XZ3-4 | 75 | 90 | 15 |
| XY3-5 | 69 | 75 | 6 | YZ3-5 | 73 | 87 | 14 | XZ3-5 | 64 | 74 | 10 |
| XY4-1 | 69 | 77 | 8 | YZ4-1 | 77 | 87 | 10 | XZ4-1 | 65 | 72 | 7 |
| XY4-2 | 78 | 94 | 16 | YZ4-2 | 81 | 94 | 13 | XZ4-2 | 83 | 93 | 10 |
| XY4-3 | 81 | 111 | 20 | YZ4-3 | 86 | 100 | 14 | XZ4-3 | 96 | 112 | 16 |
| XY4-4 | 80 | 93 | 13 | YZ4-4 | 83 | 96 | 13 | XZ4-4 | 88 | 101 | 13 |
| XY4-5 | 68 | 72 | 5 | YZ4-5 | 70 | 81 | 11 | XZ4-5 | 67 | 75 | 9 |
| XY5-1 | 68 | 76 | 8 | YZ5-1 | 70 | 73 | 3 | XZ5-1 | 66 | 71 | 5 |
| XY5-2 | 68 | 80 | 12 | YZ5-2 | 70 | 77 | 7 | XZ5-2 | 74 | 89 | 15 |
| XY5-3 | 71 | 79 | 8 | YZ5-3 | 70 | 82 | 12 | XZ5-3 | 68 | 89 | 21 |
| XY5-4 | 71 | 78 | 7 | YZ5-4 | 71 | 81 | 10 | XZ5-4 | 70 | 79 | 9 |
| XY5-5 | 68 | 72 | 4 | YZ5-5 | 71 | 77 | 6 | XZ5-5 | 64 | 71 | 7 |

注:由于 XZ3-3 网格是钻孔位置,故未进行超声波扫描。

为了进一步研究 3 MPa 静水压力条件下裂隙的扩展演化特征,对检测到的数据进行整理分析,可得到不同对应面组的首波声时及首波声时差的规律,见图 5-6。

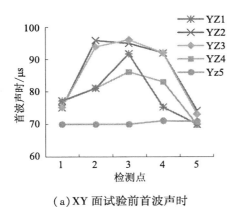

(a)XY 面试验前首波声时

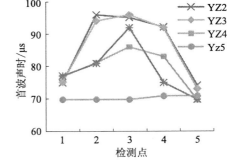

(b)XY 面试验后首波声时

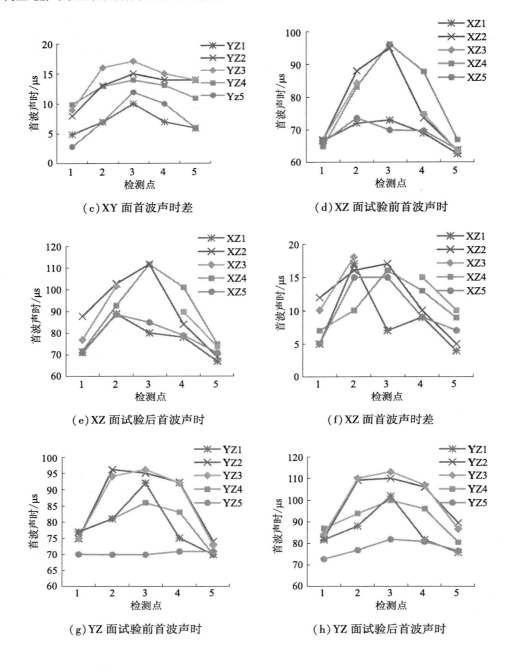

（c）XY 面首波声时差　　　　（d）XZ 面试验前首波声时

（e）XZ 面试验后首波声时　　　　（f）XZ 面首波声时差

（g）YZ 面试验前首波声时　　　　（h）YZ 面试验后首波声时

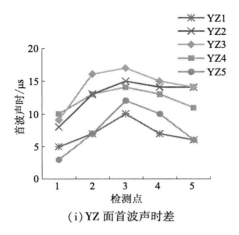

（i）YZ 面首波声时差

**图 5-6　2#试件试验前后超声波首波声时及声时差**

从以上数据分析可得，试验前每一个面的 2、3、4 列首波声时较大，主要集中在 70～110 μs 之间，平均值在 85 μs 左右，1、5 列的声时较小，集中在 60～80 μs 之间，平均值在 75 μs 左右。说明在试件内部已经存在一些原生裂纹，主要集中在试件的中心部分。水力加载后，每一部分的首波声时都有升高，但升高的幅度并不大，首波声时差变化范围在 0～20 μs 之间，平均值在 10 μs 左右，说明水力压裂前后试件内裂纹并没有明显的变化，3 MPa 静水压力不能使试件出现明显的裂纹，压裂效果不明显。

（2）3#、4#、5#煤岩样试件超声波检测结果分析

对 3#、4#、5#煤岩样进行的实验前后超声波首波声时及首波声时差的数据整理如表 5-2～表 5-4 所示。

**表 5-2　3#试件超声波扫描数据**

| 测点序号 | 首波声时/μs | | | 测点序号 | 首波声时/μs | | | 测点序号 | 首波声时/μs | | |
| --- | --- | --- | --- | --- | --- | --- | --- | --- | --- | --- | --- |
| | 试验前 | 试验后 | 相差 | | 试验前 | 试验后 | 相差 | | 试验前 | 试验后 | 相差 |
| XY1-1 | 79 | 92 | 13 | YZ1-1 | 78 | 88 | 10 | XZ1-1 | 73 | 81 | 8 |
| XY1-2 | 80 | 103 | 23 | YZ1-2 | 80 | 101 | 21 | XZ1-2 | 73 | 86 | 13 |
| XY1-3 | 79 | 103 | 24 | YZ1-3 | 80 | 116 | 36 | XZ1-3 | 73 | 81 | 8 |
| XY1-4 | 78 | 95 | 17 | YZ1-4 | 80 | 97 | 89 | XZ1-4 | 73 | 81 | 8 |
| XY1-5 | 77 | 91 | 14 | YZ1-5 | 77 | 90 | 13 | XZ1-5 | 73 | 79 | 6 |
| XY2-1 | 81 | 94 | 13 | YZ2-1 | 79 | 91 | 12 | XZ2-1 | 74 | 92 | 18 |
| XY2-2 | 87 | 149 | 62 | YZ2-2 | 91 | 104 | 13 | XZ2-2 | 89 | 110 | 21 |
| XY2-3 | 80 | 167 | 87 | YZ2-3 | 125 | 166 | 41 | XZ2-3 | 85 | 94 | 9 |
| XY2-4 | 80 | 135 | 55 | YZ2-4 | 92 | 105 | 13 | XZ2-4 | 82 | 91 | 9 |
| XY2-5 | 80 | 93 | 13 | YZ2-5 | 82 | 90 | 8 | XZ2-5 | 73 | 83 | 10 |
| XY3-1 | 81 | 94 | 13 | YZ3-1 | 82 | 92 | 10 | XZ3-1 | 74 | 96 | 22 |
| XY3-2 | 107 | 134 | 27 | YZ3-2 | 92 | 111 | 19 | XZ3-2 | 99 | 133 | 34 |

续表 5-2

| 测点序号 | 首波声时/μs | | | 测点序号 | 首波声时/μs | | | 测点序号 | 首波声时/μs | | |
|---|---|---|---|---|---|---|---|---|---|---|---|
| | 试验前 | 试验后 | 相差 | | 试验前 | 试验后 | 相差 | | 试验前 | 试验后 | 相差 |
| XY3-3 | 92 | 145 | 53 | YZ3-3 | 113 | 152 | 39 | XZ3-3 | 未测 | 未测 | 未测 |
| XY3-4 | 86 | 116 | 30 | YZ3-4 | 91 | 102 | 11 | XZ3-4 | 96 | 113 | 17 |
| XY3-5 | 81 | 90 | 9 | YZ3-5 | 79 | 91 | 12 | XZ3-5 | 77 | 93 | 16 |
| XY4-1 | 78 | 92 | 14 | YZ4-1 | 82 | 93 | 11 | XZ4-1 | 76 | 87 | 11 |
| XY4-2 | 93 | 129 | 36 | YZ4-2 | 97 | 102 | 5 | XZ4-2 | 95 | 129 | 34 |
| XY4-3 | 90 | 127 | 37 | YZ4-3 | 93 | 142 | 49 | XZ4-3 | 88 | 96 | 8 |
| XY4-4 | 78 | 110 | 32 | YZ4-4 | 89 | 100 | 11 | XZ4-4 | 82 | 89 | 7 |
| XY4-5 | 80 | 92 | 12 | YZ4-5 | 78 | 90 | 12 | XZ4-5 | 75 | 85 | 10 |
| XY5-1 | 80 | 92 | 12 | YZ5-1 | 79 | 88 | 9 | XZ5-1 | 75 | 83 | 8 |
| XY5-2 | 79 | 97 | 18 | YZ5-2 | 78 | 94 | 16 | XZ5-2 | 71 | 89 | 18 |
| XY5-3 | 80 | 96 | 16 | YZ5-3 | 79 | 103 | 24 | XZ5-3 | 71 | 83 | 12 |
| XY5-4 | 78 | 89 | 11 | YZ5-4 | 80 | 89 | 9 | XZ5-4 | 72 | 80 | 8 |
| XY5-5 | 78 | 89 | 11 | YZ5-5 | 79 | 87 | 8 | XZ5-5 | 72 | 81 | 9 |

表 5-3  4#试件超声波扫描数据

| 测点序号 | 首波声时/μs | | | 测点序号 | 首波声时/μs | | | 测点序号 | 首波声时/μs | | |
|---|---|---|---|---|---|---|---|---|---|---|---|
| | 试验前 | 试验后 | 相差 | | 试验前 | 试验后 | 相差 | | 试验前 | 试验后 | 相差 |
| XY1-1 | 76 | 89 | 13 | YZ1-1 | 84 | 96 | 12 | XZ1-1 | 70 | 71 | 1 |
| XY1-2 | 78 | 102 | 24 | YZ1-2 | 84 | 99 | 15 | XZ1-2 | 76 | 80 | 4 |
| XY1-3 | 80 | 107 | 27 | YZ1-3 | 85 | 100 | 15 | XZ1-3 | 76 | 79 | 3 |
| XY1-4 | 79 | 102 | 23 | YZ1-4 | 84 | 97 | 13 | XZ1-4 | 76 | 79 | 3 |
| XY1-5 | 80 | 82 | 2 | YZ1-5 | 79 | 90 | 11 | XZ1-5 | 71 | 72 | 1 |
| XY2-1 | 77 | 90 | 13 | YZ2-1 | 88 | 105 | 17 | XZ2-1 | 71 | 72 | 1 |
| XY2-2 | 90 | 164 | 74 | YZ2-2 | 98 | 120 | 22 | XZ2-2 | 80 | 82 | 2 |
| XY2-3 | 103 | 206 | 103 | YZ2-3 | 101 | 144 | 43 | XZ2-3 | 90 | 101 | 11 |
| XY2-4 | 95 | 181 | 86 | YZ2-4 | 94 | 116 | 22 | XZ2-4 | 90 | 94 | 4 |
| XY2-5 | 76 | 89 | 13 | YZ2-5 | 79 | 93 | 14 | XZ2-5 | 74 | 76 | 2 |
| XY3-1 | 75 | 81 | 6 | YZ3-1 | 85 | 98 | 13 | XZ3-1 | 71 | 71 | 0 |
| XY3-2 | 89 | 113 | 44 | YZ3-2 | 100 | 128 | 28 | XZ3-2 | 78 | 83 | 5 |
| XY3-3 | 102 | 176 | 74 | YZ3-3 | 100 | 149 | 49 | XZ3-3 | 未测 | 未测 | 未测 |
| XY3-4 | 96 | 163 | 67 | YZ3-4 | 92 | 110 | 18 | XZ3-4 | 108 | 109 | 1 |
| XY3-5 | 78 | 88 | 10 | YZ3-5 | 79 | 96 | 17 | XZ3-5 | 74 | 77 | 3 |
| XY4-1 | 76 | 82 | 6 | YZ4-1 | 79 | 89 | 10 | XZ4-1 | 70 | 72 | 2 |
| XY4-2 | 80 | 98 | 18 | YZ4-2 | 81 | 92 | 11 | XZ4-2 | 80 | 86 | 6 |

续表 5-3

| 测点序号 | 首波声时/μs | | | 测点序号 | 首波声时/μs | | | 测点序号 | 首波声时/μs | | |
|---|---|---|---|---|---|---|---|---|---|---|---|
| | 试验前 | 试验后 | 相差 | | 试验前 | 试验后 | 相差 | | 试验前 | 试验后 | 相差 |
| XY4-3 | 81 | 146 | 65 | YZ4-3 | 81 | 95 | 14 | XZ4-3 | 101 | 109 | 8 |
| XY4-4 | 81 | 97 | 16 | YZ4-4 | 81 | 112 | 31 | XZ4-4 | 92 | 92 | 0 |
| XY4-5 | 78 | 84 | 6 | YZ4-5 | 78 | 91 | 13 | XZ4-5 | 74 | 77 | 3 |
| XY5-1 | 75 | 84 | 9 | YZ5-1 | 75 | 80 | 5 | XZ5-1 | 71 | 72 | 1 |
| XY5-2 | 75 | 85 | 10 | YZ5-2 | 75 | 82 | 7 | XZ5-2 | 79 | 97 | 18 |
| XY5-3 | 75 | 86 | 11 | YZ5-3 | 75 | 87 | 12 | XZ5-3 | 83 | 89 | 6 |
| XY5-4 | 75 | 80 | 5 | YZ5-4 | 75 | 97 | 22 | XZ5-4 | 83 | 85 | 2 |
| XY5-5 | 75 | 81 | 6 | YZ5-5 | 75 | 83 | 8 | XZ5-5 | 74 | 74 | 0 |

表 5-4　5#试件超声波扫描数据

| 测点序号 | 首波声时/μs | | | 测点序号 | 首波声时/μs | | | 测点序号 | 首波声时/μs | | |
|---|---|---|---|---|---|---|---|---|---|---|---|
| | 试验前 | 试验后 | 相差 | | 试验前 | 试验后 | 相差 | | 试验前 | 试验后 | 相差 |
| XY1-1 | 79 | 154 | 75 | YZ1-1 | 80 | 118 | 38 | XZ1-1 | 80 | 93 | 13 |
| XY1-2 | 80 | 125 | 45 | YZ1-2 | 83 | 139 | 56 | XZ1-2 | 83 | 118 | 35 |
| XY1-3 | 83 | 92 | 9 | YZ1-3 | 84 | 105 | 21 | XZ1-3 | 82 | 103 | 21 |
| XY1-4 | 80 | 144 | 64 | YZ1-4 | 81 | 216 | 135 | XZ1-4 | 78 | 78 | 0 |
| XY1-5 | 80 | 162 | 82 | YZ1-5 | 79 | 177 | 98 | XZ1-5 | 77 | 76 | −1 |
| XY2-1 | 83 | 181 | 98 | YZ2-1 | 81 | 108 | 27 | XZ2-1 | 89 | 124 | 35 |
| XY2-2 | 85 | 319 | 234 | YZ2-2 | 87 | 168 | 81 | XZ2-2 | 96 | 143 | 47 |
| XY2-3 | 91 | 282 | 191 | YZ2-3 | 91 | 251 | 160 | XZ2-3 | 92 | 186 | 94 |
| XY2-4 | 87 | 179 | 92 | YZ2-4 | 89 | 232 | 143 | XZ2-4 | 84 | 157 | 73 |
| XY2-5 | 86 | 168 | 82 | YZ2-5 | 83 | 210 | 127 | XZ2-5 | 77 | 87 | 10 |
| XY3-1 | 86 | 331 | 245 | YZ3-1 | 81 | 106 | 25 | XZ3-1 | 84 | 119 | 35 |
| XY3-2 | 101 | 303 | 202 | YZ3-2 | 93 | 171 | 78 | XZ3-2 | 98 | 122 | 24 |
| XY3-3 | 96 | 296 | 200 | YZ3-3 | 114 | 268 | 154 | XZ3-3 | 未测 | 未测 | 未测 |
| XY3-4 | 95 | 191 | 96 | YZ3-4 | 94 | 288 | 194 | XZ3-4 | 90 | 143 | 53 |
| XY3-5 | 85 | 146 | 61 | YZ3-5 | 84 | 350 | 266 | XZ3-5 | 81 | 110 | 29 |
| XY4-1 | 85 | 380 | 295 | YZ4-1 | 81 | 100 | 19 | XZ4-1 | 79 | 82 | 3 |
| XY4-2 | 85 | 207 | 122 | YZ4-2 | 85 | 113 | 28 | XZ4-2 | 82 | 87 | 5 |
| XY4-3 | 84 | 255 | 171 | YZ4-3 | 89 | 266 | 177 | XZ4-3 | 82 | 111 | 29 |
| XY4-4 | 83 | 146 | 63 | YZ4-4 | 91 | 280 | 189 | XZ4-4 | 85 | 120 | 35 |
| XY4-5 | 81 | 105 | 24 | YZ4-5 | 84 | 289 | 205 | XZ4-5 | 78 | 83 | 5 |
| XY5-1 | 80 | 408 | 328 | YZ5-1 | 80 | 111 | 31 | XZ5-1 | 76 | 78 | 2 |
| XY5-2 | 81 | 268 | 187 | YZ5-2 | 80 | 140 | 60 | XZ5-2 | 76 | 78 | 2 |
| XY5-3 | 82 | 284 | 202 | YZ5-3 | 83 | 197 | 114 | XZ5-3 | 76 | 85 | 9 |
| XY5-4 | 80 | 165 | 85 | YZ5-4 | 82 | 236 | 154 | XZ5-4 | 76 | 147 | 71 |
| XY5-5 | 83 | 96 | 13 | YZ5-5 | 81 | 281 | 200 | XZ5-5 | 77 | 81 | 3 |

注:由于 XZ3-3 网格是钻孔位置,故未进行超声波扫描。

超声波首波声时在试件中的变化反映出煤岩体内部裂纹在试验前后的扩展发育情

况,分别对 3#、4#、5#煤岩样在试验前后的超声波检测数据进行分析比对,来研究煤岩样裂纹的延伸和发育情况。通过分析得到 3#、4#、5#煤岩样在 3 MPa 静水压力、不同放电条件下,试验前后的超声波首波声时及声时差值如图 5-7~图 5-9 所示。

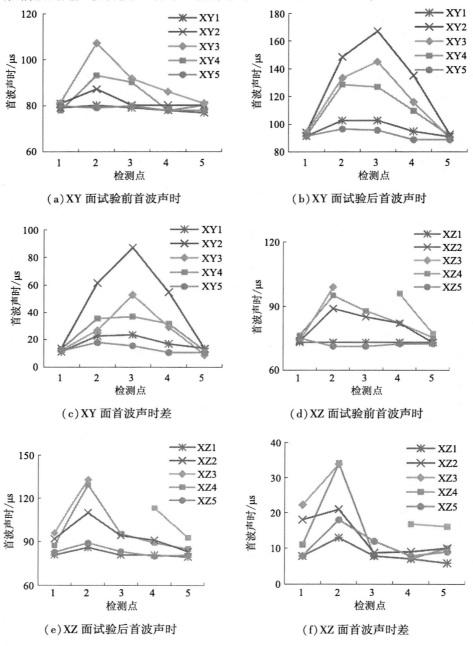

(a)XY 面试验前首波声时    (b)XY 面试验后首波声时

(c)XY 面首波声时差    (d)XZ 面试验前首波声时

(e)XZ 面试验后首波声时    (f)XZ 面首波声时差

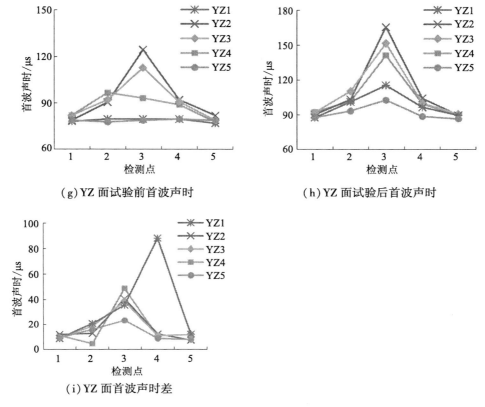

（g）YZ 面试验前首波声时　　　　　　（h）YZ 面试验后首波声时

（i）YZ 面首波声时差

**图 5-7　3#试件试验前后超声波首波声时及声时差**

对图 5-7 分析可知，3#试件在试验前，内部存在一些原生裂隙，主要集中在 XY、XZ 的第二列，YZ 面的第三列，首波时间主要集中在 60~110 μs 之间，平均值在 80 μs 左右。试验后 XY 面、YZ 面的第二、三列，XZ 面的第二列幅值最高，集中在 80~170 μs，平均幅值在 100 μs 左右。由于 XY 面、YZ 面的第三列有钻孔的存在，超声波的反射折射现象明显，首波声时必然较大，所以参考意义不大，但这也从侧面反映了用超声波首波声时评价的准确性和合理性。从首波的声时差来看，各面的第二、三、四列的声时差变化最大，尤以第三列的变化幅值为最，但是由于钻孔的存在，不以第三列为评判标准，以第二、四列的声时差变化为评价依据，其幅值变化在 20~70 μs 之间，平均值在 30 μs 左右。所以可以得出，在 3 MPa 静水压力、9 kV 放电条件下，钻孔周围的二、四列已经有裂纹的变化，有新生裂纹的产生。但每个面的第一、五列声时差变化幅度并不大，在 0~20 μs 之间，平均在 10 μs 左右，说明应力波还没有达到这些区域，新生裂纹微少。

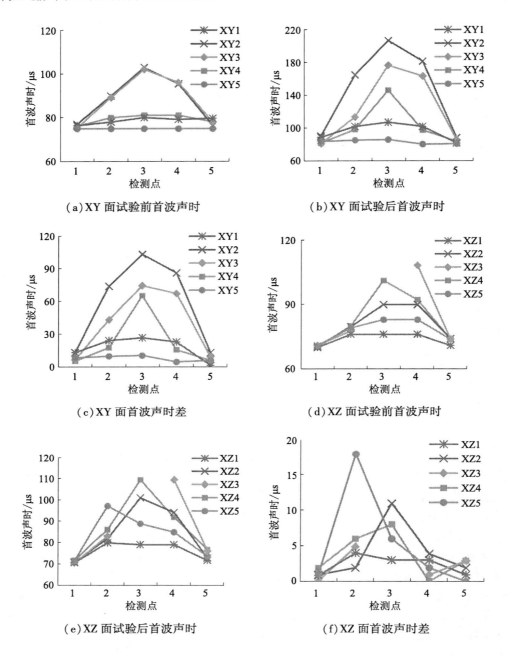

（a）XY 面试验前首波声时

（b）XY 面试验后首波声时

（c）XY 面首波声时差

（d）XZ 面试验前首波声时

（e）XZ 面试验后首波声时

（f）XZ 面首波声时差

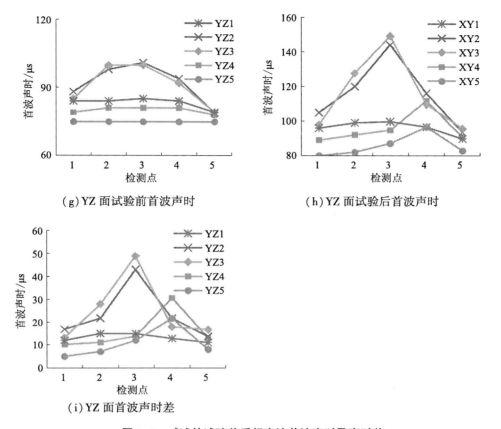

（g）YZ 面试验前首波声时　　　　　　　（h）YZ 面试验后首波声时

（i）YZ 面首波声时差

**图 5-8  4#试件试验前后超声波首波声时及声时差**

通过对图 5-8 分析可知,4#试件试验内部已经存在一些原生裂隙,主要集中在各面第三列,首波时间主要集中在 70~110 μs 之间,平均值在 80 μs 左右。试验后各面的第三列幅值最高,集中在 100~170 μs,平均值在 120 μs 左右。还是由于 XY 面、YZ 面的第三列有钻孔的存在,超声波的反射折射现象明显,所以参考意义不大。从首波的声时差来看,各面的第二、三、四列的声时差变化最大,尤以第三列的变化幅值为最,但是由于钻孔的存在,以第二、四列的声时差变化为评价依据,其幅值变化在 0~140 μs 之间,变化范围较大,平均值在 40 μs 左右。所以可以得出,在 3 MPa 静水压力、11 kV 放电条件下,钻孔周围的二、四列,首波声时差变化较大,在钻孔周围有新生裂纹产生。但每个面的第一、五列声时差变化幅度并不大,平均值在 15 μs 之间,说明也有一些新生裂纹产生,但相对于 9 kV 放电,应力波的作用范围变化不大。

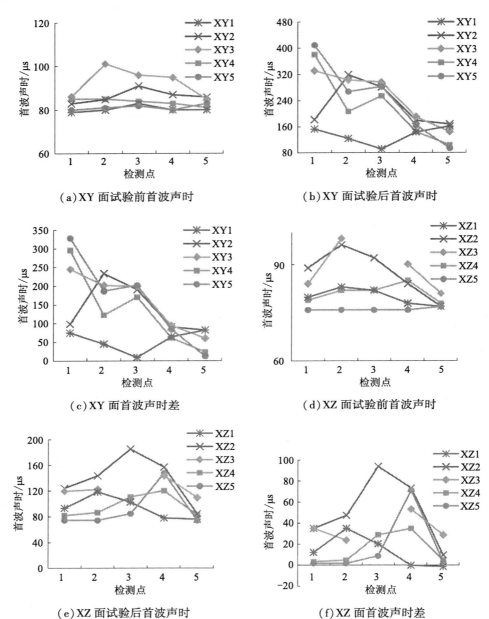

（a）XY 面试验前首波声时

（b）XY 面试验后首波声时

（c）XY 面首波声时差

（d）XZ 面试验前首波声时

（e）XZ 面试验后首波声时

（f）XZ 面首波声时差

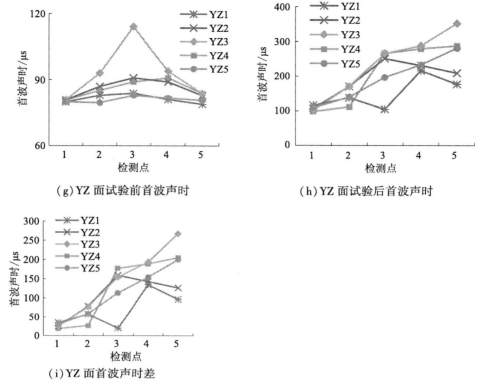

（g）YZ 面试验前首波声时　　　　（h）YZ 面试验后首波声时

（i）YZ 面首波声时差

**图 5-9　5#试件试验前后超声波首波声时及声时差**

分析图 5-9 可知,5#试件内部也存在一些原生裂隙,首波的声时平均值在 90 μs 左右。试验后 XY 面的第一列、XZ 面的第三列、YZ 面的第五列首波声时幅值最高,变化最剧烈。XY 面的第一列由试验前的 80 μs 左右升高到试验后 320 μs 左右;YZ 面的第五列由试验前的 90 μs 左右升高到试验后的 300 μs 左右,升幅剧烈。还有两列的首波声时差都在 200 μs 左右,变化显著,说明在 3 MPa 静水压力、13 kV 放电条件下,能量沿某一薄弱方向释放,试件内部有主裂纹出现,裂纹已经扩展到试件的边缘处,相对于 9 kV、11 kV 的放电,应力波的传播范围明显增大,致裂效果明显增强。

综合以上分析可得:

(1)4 块煤岩样试验前的首波声时都在 80 μs 左右,说明煤岩样中均有部分原生裂隙分布。

(2)试验后 2#试件首波声时变化不明显,说明单一 3 MPa 静水压力致裂煤岩样效果不明显。

(3)3#~5#试件在相同的静水压力下,随着放电电压的增加首波声时都有大幅度的提升,首波声时差平均值随着电压的增加而增大,说明随着放电电压的升高,裂纹的宽度、数量或者裂纹的密度都在增加,而且裂纹的范围也由钻孔周围向煤样的边缘处扩展、延伸。

(4)特别是每个试件的 XZ 面的超声波首波声时差变化都比较小,而其余两个面的超声波首波声时差变化都比较剧烈。说明垂直于钻孔平面(也就是水平面)内的新生裂纹少,平行于钻孔平面的新生裂纹较多,即垂直裂纹较多。

(5)在相同的静水压力下,随着放电电压和放电能量的增加,水中冲击波的影响范围由中心孔向试件边缘扩展,表现出裂纹延伸长度越来越长,有主裂纹的产生,煤样压裂效果越来越明显。

### 5.2.2.2 微观裂纹扩展演化评价

煤体之所以发生变形破坏,是因为煤岩体内部存在着原始小裂纹和微缺陷,这些小裂纹和微缺陷在应力作用下发生了一系列积累性变化而导致最后的质变断裂破坏。前文已经应用超声波扫描技术对水中高压脉冲放电致裂煤岩体的宏观裂纹进行了研究,但是对原始小裂纹或缺陷的扩展机理和发展成宏观裂纹过程还不十分清楚。

基于此,利用声发射和CT扫描技术对煤体在冲击波应力作用下的损伤和微观裂纹的起裂、扩展进行进一步研究。声发射系统能够实时、连续的监测煤体内部微裂纹的产生与扩展,CT扫描技术能够对煤岩样在高压电脉冲应力波累积冲击后进行扫描,分析煤岩内部裂隙演化规律及其与宏观、微观裂隙演化之间的关系。

(1)1#试件(原煤岩样)CT扫描结果

对1#煤岩样分别进行直径20 mm、80 mm取芯,分别对应④号和①号钻孔,见图5-4,经滤波、重建后获得的有代表性结果如图5-10、图5-11所示。

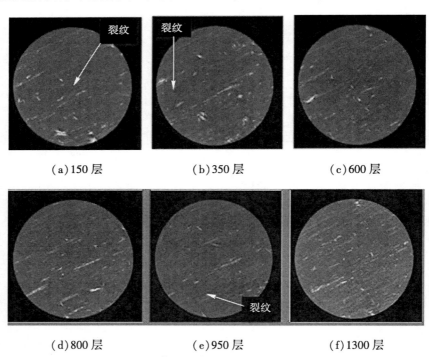

(a)150层        (b)350层        (c)600层

(d)800层        (e)950层        (f)1300层

图5-10 ④号钻孔CT扫描图($\phi=20$ mm)

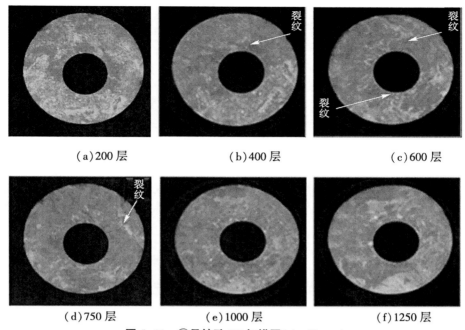

（a）200 层　　　　　（b）400 层　　　　　（c）600 层

（d）750 层　　　　　（e）1000 层　　　　　（f）1250 层

**图 5-11　①号钻孔 CT 扫描图（φ=80 mm）**

通过对 1500 个图层的统计及一些代表性图层的分析，如图 5-10、图 5-11 所示，从中可以看出，原煤岩样质地坚硬，密实度较好，表面稀疏散布着一些长度较短的硬煤质条带和一些硬质颗粒，原生裂纹稀少，节理不发育、不明显。①号钻孔在 400 层有一道微小裂纹，宽度较小，由中心钻孔向外延展，但延展距离较短，很快尖灭；在 600 层有两道微小裂纹存在，宽度也较小，其中一道裂纹与 200 层裂纹相同，说明这道裂纹竖直向上从 400 层延展到 600 层；在 750 层也有一道微小裂纹，宽度较小，长度较短，没有贯穿钻芯。④号钻孔 150 层、350 层、950 层在中心或边缘地带各有一道微小原生裂纹存在其余图层基本无原生裂纹的存在，如①号钻孔的 200 层、1000 层、1250 层，④号钻孔 600 层、800 层、1300 层等。

总体而言，试件取样完整，煤岩样裂隙以零散、孤立分布的短裂隙为主，原生裂隙不发育。

（2）2#试件细观破坏特征试验研究

2#试件进行了单一 3 MPa 静水压裂试验，在静水压力加载过程中进行声发射信号的同步采集，钻孔位置为竖向布置（以下声发射事件空间分布图与之相同，不再赘述），加载时间共保持 30 min，卸载后应用 origin 软件对采集到的信号数据进行处理，可以得到试件加载过程中声发射的时空分布规律如图 5-12 所示。

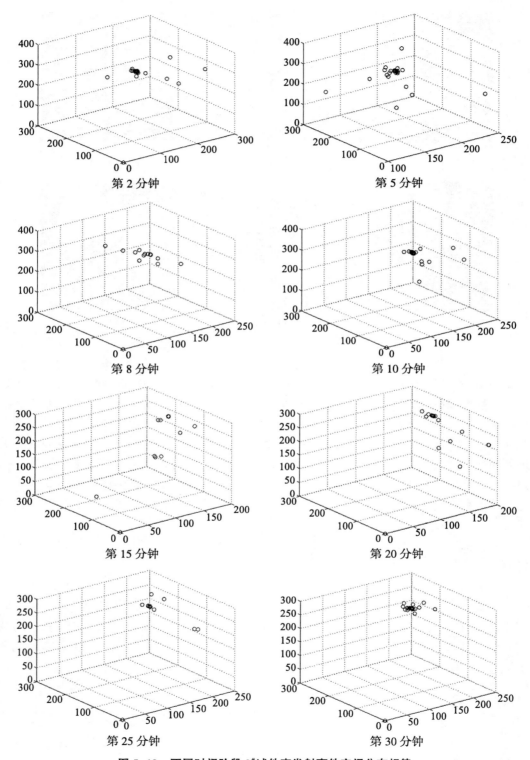

图 5-12　不同时间阶段 2# 试件声发射事件空间分布规律

由图 5-12 分析可知,2#试件在第 2 分钟开始出现声发射事件,主要集中在试件中心、钻孔附近,事件较少,试验进行到第 5 分钟时,事件数量逐渐增加且逐渐向周围扩散,总数较多。15 分钟以后,事件发生区域逐渐转向试件的右侧壁,且事件数量减少并逐渐稳定,下部少有声发射事件,这与超声波检测结果较为吻合。说明在钻孔静水压力作用下的初期阶段,3 MPa 静水压力能够克服煤体的抗拉强度,钻孔周围出现了一些新生裂纹,到了试验的中后期,静水压力不足以继续使裂缝进一步扩展和发育,甚至部分裂缝已经闭合,所以钻孔周围事件数量有所减少且主要发生在试件的边缘部位。这说明钻孔中静水压力对煤体已经有一定的致裂效果,但声发射事件数量总体较少,说明压裂效果并不明显。

鉴于声发射结果,为了进一步探究静水压力的致裂效果,将 2#煤样取出后,进行取芯,由声发射结果可知,静水压的影响范围并不大,所以只沿钻孔方向取芯,钻头直径为80 mm,钻孔取样后进行 CT 扫描观察,扫描结果如图 5-13 所示。

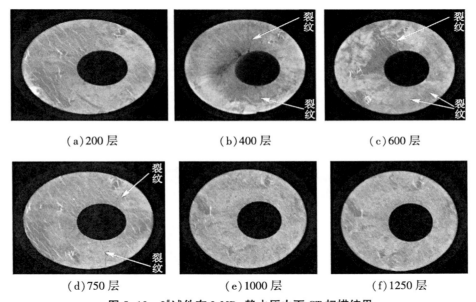

（a）200 层　　　　　　（b）400 层　　　　　　（c）600 层

（d）750 层　　　　　　（e）1000 层　　　　　　（f）1250 层

图 5-13　2#试件在 3 MPa 静水压力下 CT 扫描结果

由图 5-13 分析可知,在单一 3 MPa 静水压力下,相对于原煤岩样 400 层、600 层、750 层原有裂纹出现延展,并且延展长度增加,延伸到钻芯的边缘,裂纹宽度变大,原始裂隙部位因宽度增加而趋于清晰,这一阶段声发射事件增加,同时在钻芯的下侧有两条新生裂纹产生,但新生裂隙宽度较小,较为模糊,声发射事件数量有所增加,但增加趋势较缓;但是在钻芯的 200 层、1000 层、1250 层还是没有新生裂纹产生,声发射检测也验证了这一点（试件上、下部位少有声发射事件）,微破坏情况与声发射定位结果吻合较好,说明单一 3 MPa 静水压力对煤岩体的致裂效果不佳。

（3）3#、4#、5#试件细观破坏特征试验研究

为了进一步探究相同水压,不同放电电压、放电能量对煤岩体致裂的影响效果,在保

持 3 MPa 静水压力不变的情况下,对 3#、4#、5# 煤样分别进行了 9 kV、11 kV、13 kV 的高压脉冲放电,每块试件重复放电 10 次。为了比较方便,不同试件的声发射事件空间分布规律选择相同放电次数进行比较,不同试件的 CT 扫描结果选择相同图层进行比较。试验结果如图 5-14~图 5-16 所示。

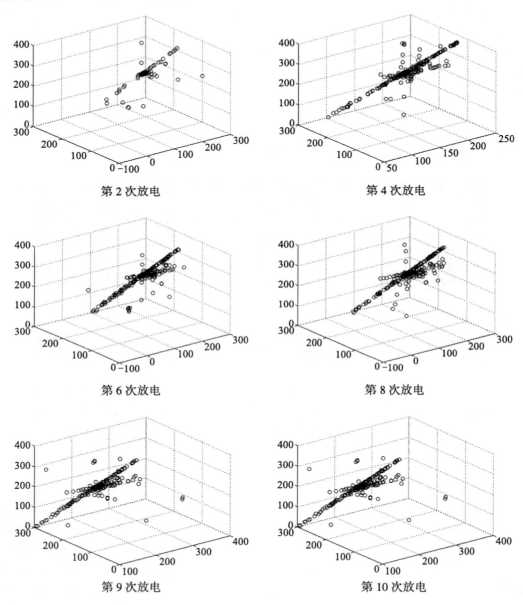

图 5-14　3# 试件在 9 kV 放电条件下声发射的时空分布规律

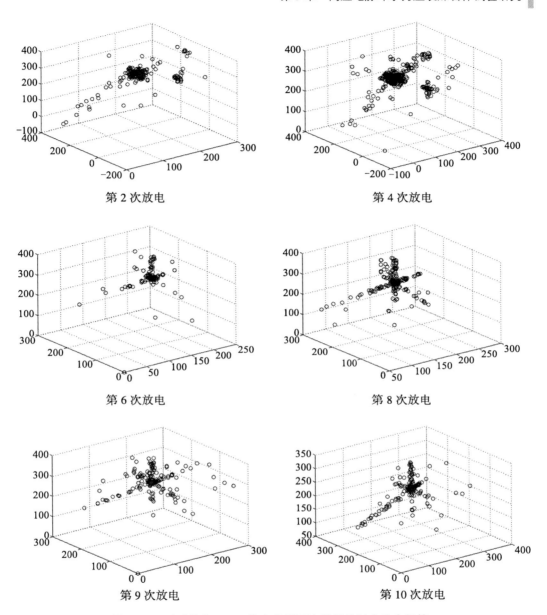

第 2 次放电

第 4 次放电

第 6 次放电

第 8 次放电

第 9 次放电

第 10 次放电

**图 5-15　4#试件在 11 kV 放电条件下声发射的时空分布规律**

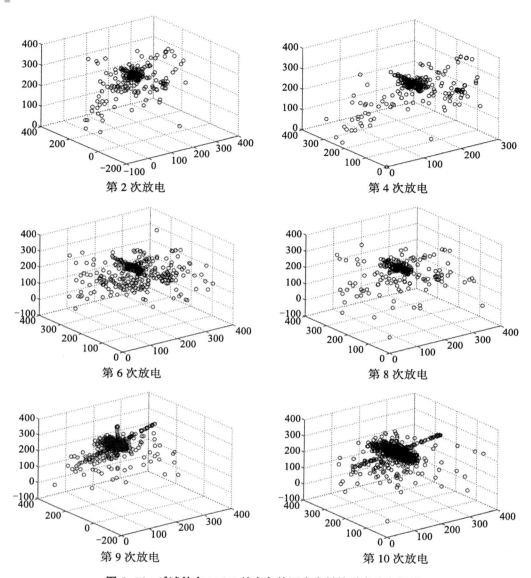

第 2 次放电

第 4 次放电

第 6 次放电

第 8 次放电

第 9 次放电

第 10 次放电

**图 5-16　5#试件在 13 kV 放电条件下声发射的时空分布规律**

综合分析图 5-14~图 5-16 可知,在放电次数较少时声发射事件比较分散,随着放电次数的增加,声发射主要集中在试件钻孔周围,然后向试件上下左右端部扩展,在某些方向,声发射事件比较集中,具有一定的方向性。说明在球形冲击波的作用下,煤岩体发生了破坏变形,在冲击波作用的近区,冲击波的压力大于煤岩体强度,从而形成压缩粉碎区,在该区域煤岩体裂隙得到扩展,声发射事件集中(图中深色区域);随着冲击波的衰减,在粉碎区的外部,声发射事件减少并且分散,说明裂纹的扩展能力逐渐降低,裂纹逐渐停止扩展。

3#、4#、5#煤岩样的声发射事件总量均比 2#试件(单一 3 MPa 静水压力压裂)多很多,而且集中,说明原生裂纹扩展或新生裂纹数量增多,水中高压放电对煤体的致裂效果比单一的静水压力好很多。

相同放电次数的情况下,放电电压越高声发射数量增加显著,声发射事件较集中,主要集中在钻孔周围及试件的中上部。由声发射能够看到煤样已发生了明显的破坏,5#煤岩样在第 9 次、第 10 次放电的时候,声发射数量相当密集,说明钻孔周围的破裂已经较多,在一定的范围内应该有宏观贯通裂纹产生,破裂范围也较 3#、4#煤岩样大,影响范围也比较大。由此可见,在相同水压情况下,放电电压越大,冲击波作用范围越大,而且致裂效果越好。裂纹的起裂、发展、贯通情况到底如何,我们可以从 CT 扫描结果中探寻答案。以下各图由于裂纹非常容易识别,除个别情况外,其余裂纹不再特殊标识出来。

试验完成以后,为了分析水中 9 kV 放电条件下的冲击波作用效果及作用范围,钻取④号和①号钻孔(见图 5-4)进行 CT 扫描,结果如图 5-17 所示。分析①号钻孔可知,在中心钻孔周围出现了大量裂纹,200 层、400 层、600 层出现了三条主裂纹,并且有一条主裂纹又出现了分支裂纹,延伸到钻芯的边缘,这三条裂纹形态相同,说明从 200 层到600 层的竖直方向上有贯穿裂纹产生。在 800 层 4 条主裂纹产生,其中两条主裂纹出现了分支裂纹,延伸到钻芯的边缘,裂纹弯折延伸,但裂纹宽度较小。在 950 层、1300 层产生了 3 主裂纹,裂纹形态相同,也说明了从 950 层到 1300 层的竖直方向上有贯穿主裂纹产生。从空间上看,不但在煤样钻芯平面内有平面内裂纹产生,而且在钻芯的竖直面内也有主裂纹产生,裂纹呈空间分布状态。

由④号钻孔可知,在 150 层、950 层、1250 层没有裂纹产生,试件质地密实,有零散的颗粒存在;在 350 层、600 层、800 层左上角有一微小裂纹产生,宽度较窄,裂纹从 350 层一直向下发育至 800 层,最后裂纹尖灭,裂纹左右偏移不明显,说明④号钻芯中间部分存在着一个近似垂直的微裂纹。

3#试件裂纹存在的区域主要集中在钻芯的中间部位,上下端部较少,这与超声波检测和声发射监测高度吻合。相对于 1#原煤岩样和 2#试件,3#试件在 9 kV 高压放电的条件下,产生的裂纹明显增多,产生裂纹的范围变大。

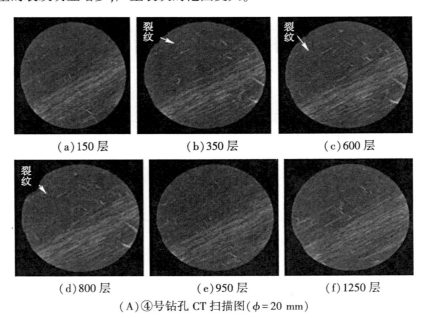

(a)150 层　　　　　(b)350 层　　　　　(c)600 层

(d)800 层　　　　　(e)950 层　　　　　(f)1250 层

(A)④号钻孔 CT 扫描图($\phi$=20 mm)

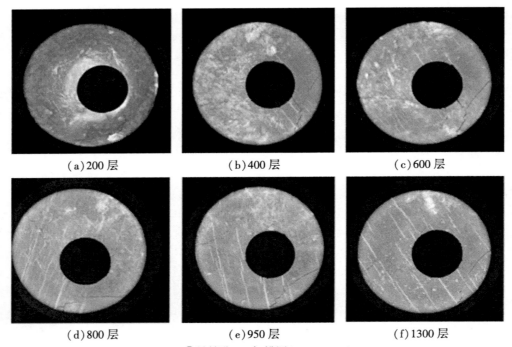

(a)200 层　　　　　　　(b)400 层　　　　　　　(c)600 层

(d)800 层　　　　　　　(e)950 层　　　　　　　(f)1300 层

(B)①号钻孔 CT 扫描图($\phi$=80 mm)

**图 5-17　3#试件在 9 kV 放电条件下 CT 扫描结果**

由图 5-18 及 4#试件其他图层资料可知,4#试件在 3 MPa 静水压力、11 kV 高压放电条件下,相比原煤岩样(1#试件),有新生裂纹产生;相比 2#、3#试件,相同位置处裂纹数量增加、长度变长、宽度变宽,裂纹更加清晰可见。①号钻孔从 200 层到 800 层均有三条主裂纹产生,其中从 400 层到 600 层有三条主裂纹的延展,从 800 层到 1300 层有另三条主裂纹的延展,这与 4#试件的超声波检测结果吻合较好(4#试件各面的第二、三、四列的首波声时差变化最大)。④号钻孔每一图层均有一贯穿裂纹产生,而且部分图层裂纹扩展,折弯,在遇到硬质颗粒后裂纹分叉,以分岔的方式增生出新的裂隙,相比 3#试件,裂纹的长度、宽度都有所增长,出现裂纹的图层数量增加较大。

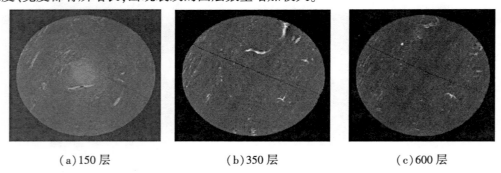

(a)150 层　　　　　　　(b)350 层　　　　　　　(c)600 层

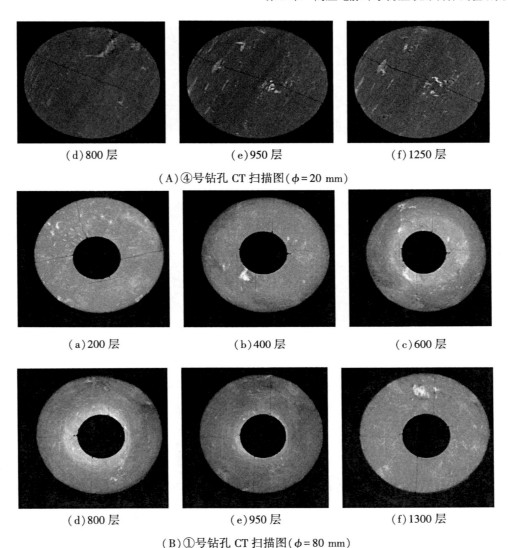

(d) 800 层　　　　　　(e) 950 层　　　　　　(f) 1250 层

(A) ④号钻孔 CT 扫描图 ($\phi$ = 20 mm)

(a) 200 层　　　　　　(b) 400 层　　　　　　(c) 600 层

(d) 800 层　　　　　　(e) 950 层　　　　　　(f) 1300 层

(B) ①号钻孔 CT 扫描图 ($\phi$ = 80 mm)

**图 5-18　4#试件在 11 kV 放电条件下 CT 扫描结果**

　　分析图 5-19 及 5#试件其他图层资料可知,相比 2#、3#、4#试件的①号钻孔,5#试件的①号钻孔的新生主裂纹增加到四条,部分图层增加到五条,主裂纹又有分支裂纹的产生,这几条主裂纹贯通整个钻芯平面,分支裂隙主要以开叉的方式向前发展,并与其他裂隙相互沟通,形成网络,如 400 层、950 层、1300 层从钻孔中心产生的裂纹与试件右侧一竖向裂纹相交成网。裂纹的宽度增加明显,开度较大,以大裂纹为主。在竖直方向上,从 200 层到 1300 层都有这几条大裂纹的延展,说明试件内部在钻孔周围已经形成立体的裂纹网络,煤层气的运移通道已然形成。从图 4-16 分析可得,5#试件在 13 kV 放电条件下声发射的空间分布范围较大,为了进一步分析冲击波的作用范围,选取离中心孔更远的⑤号钻孔(参见图 5-4)进行 CT 扫描,扫描结果是⑤号钻孔每一图层均有一贯穿裂纹产生,裂纹扩展,折弯,而且在 150 层、600 层、800 层裂纹分叉,出现分支裂纹。特别是 600 层、800 层中间主裂纹的列开度较大,说明冲击波能量作用范围已经到达试件边缘部位,能量较大,产生了大裂隙。

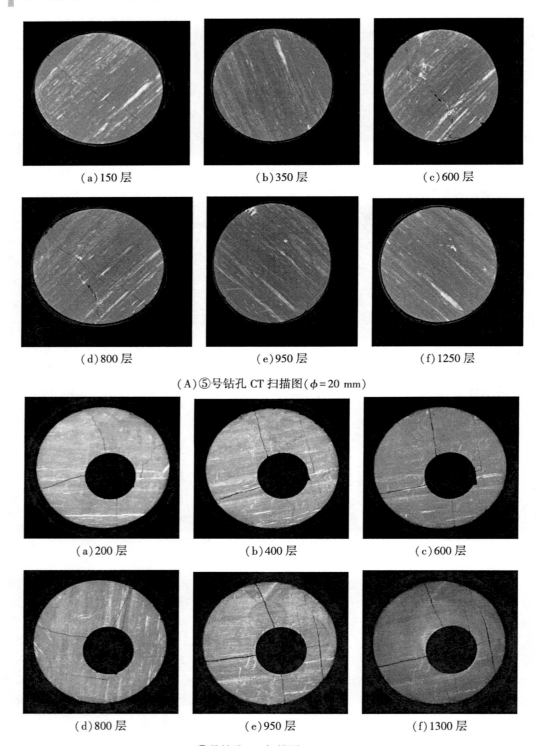

（a）150 层　　　　　　　（b）350 层　　　　　　　（c）600 层

（d）800 层　　　　　　　（e）950 层　　　　　　　（f）1250 层

（A）⑤号钻孔 CT 扫描图（$\phi = 20$ mm）

（a）200 层　　　　　　　（b）400 层　　　　　　　（c）600 层

（d）800 层　　　　　　　（e）950 层　　　　　　　（f）1300 层

（B）①号钻孔 CT 扫描图（$\phi = 80$ mm）

图 5-19　5#试件在 13 kV 放电条件下 CT 扫描结果

　　由以上综合分析可得,原始煤岩样裂隙并不发育,多以短裂隙、微裂隙、零散分布,大部分图层甚至没有裂隙。单一 3 MPa 静水压力作用于煤岩样上,原有裂纹出现微延展,能延伸到①号钻芯的边缘,有一些新生裂纹产生,但新生裂隙宽度较小,较为模糊,很多图层还是没有新生裂纹的产生,竖向平面内没有贯穿裂纹,单一 3 MPa 静水压力对煤岩体的致裂效果不佳。在 3 MPa 静水压力的基础上进行高压放电,随着放电电压的增加,作用于煤岩壁上的冲击波能量和冲击压力随之增加,可以看到试件中新生裂纹数量增加明显,水平及竖直平面内均有贯通裂纹产生。随着电压的增加,冲击波的作用范围逐渐由中心钻孔周围扩展到试件的端部,产生的新生主裂纹数量、长度、宽度都在增加,裂纹开度随之变大;主裂纹分裂出众多新生小裂隙,裂隙扩展表现出端部延伸和侧部开叉两种主要形式,裂纹贯通形成立体网络,煤层气运移通道已然形成。

### 5.2.2.3　煤岩样钻孔内裂纹扩展演化评价

　　为了更直观分析评价裂纹的产生情况,试验后利用内窥镜对煤岩样钻孔内的裂纹情况进行了观测,观测结果如图 5-20 所示。

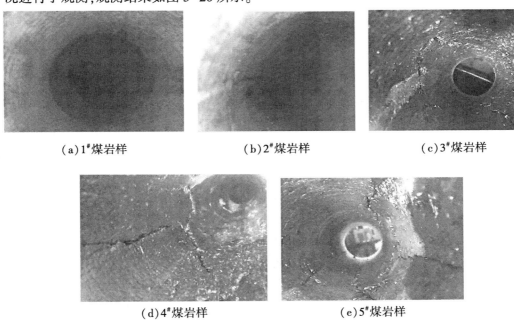

（a）1#煤岩样　　　　　　（b）2#煤岩样　　　　　　（c）3#煤岩样

（d）4#煤岩样　　　　　　（e）5#煤岩样

**图 5-20　试验后 1#~5#煤岩样钻孔内裂纹发展分布情况**

　　从图 5-20 可以看出,1#煤岩样钻孔内壁光滑,没有宏观裂纹,说明钻孔时没有对煤岩样造成大的破坏,原煤岩样内部裂隙不发育。2#煤岩样在单一的静水压力作用下钻孔内壁产生了一条明显的裂纹,其余部分光滑,无裂纹产生。3#~5#煤岩样随着放电电压的增大,裂纹数量逐渐增多,裂纹呈环向和纵向分布,这也验证了 CT 扫描结果(煤岩样内部有横向和纵向裂纹立体分布)的正确性,裂纹的开度越来越大,裂纹产生了分叉,并且相交。

## 5.3 相同放电电压及不同水压条件下煤岩样压裂效果分析

以上讨论了相同水压条件下不同放电电压的煤岩体致裂情况,为了进一步探究水压对煤岩样试件的影响,对 6#、7#煤岩样分别进行了 1 MPa、5 MPa 水压,9 kV 放电电压情况下的煤岩体致裂的试验研究,取样过程、试验步骤及围压加载条件同上文,试验完成后进行试样的 CT 扫描,扫描结果如图 5-21、图 5-22 所示。

### 5.3.1 1 MPa 静水压+9 kV 放电电压条件下煤岩样 CT 扫描结果

结合图 5-21 和其他图层资料可知,6#煤岩样在 1 MPa 静水压力和 9 kV 放电条件下的①号钻孔的新生裂纹开度一般,延展度一般,裂纹形态不一,有的延伸到钻芯边缘,有的未到达钻芯边缘。在 800 层、950 层和 1300 层各有两条对称式的新裂纹产生,但 800 层、950 层和 1300 层右上角有道裂纹形态相同、位置相同,说明在竖直面内该道裂纹是贯通的;在 200 层、400 层和 800 层各有三条裂纹产生,其中两条裂纹较为清晰,第三条裂纹隐约可见,其中右侧一裂纹形态相同,虽然长度不同,但位置相同,说明该裂纹竖直向上有延展。②号钻孔大部分图层没有裂纹,即使有的图层存在裂纹,裂纹也较为模糊,数量较少,开度较小,与 3#煤岩样的④号钻孔情况较为相似,该位置受水激波冲击影响较小,裂纹不发育,该结果与声发射的监测结果比较吻合。

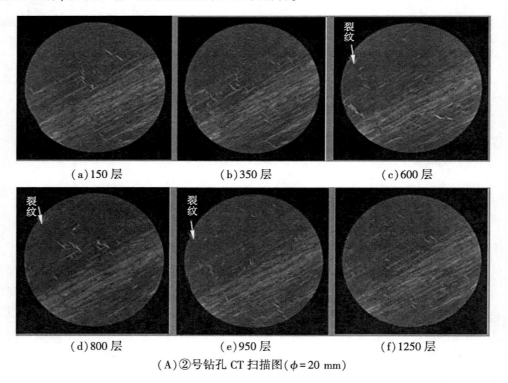

(a)150 层    (b)350 层    (c)600 层

(d)800 层    (e)950 层    (f)1250 层

(A)②号钻孔 CT 扫描图($\phi=20$ mm)

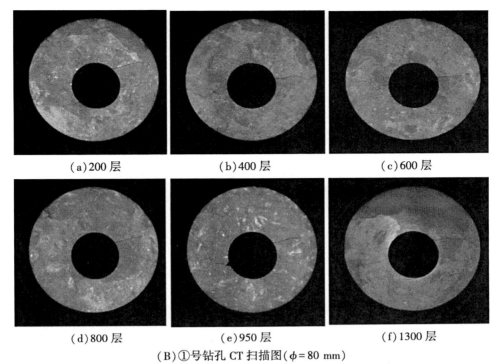

(a) 200 层　　　　　(b) 400 层　　　　　(c) 600 层

(d) 800 层　　　　　(e) 950 层　　　　　(f) 1300 层

(B) ①号钻孔 CT 扫描图 ($\phi$ = 80 mm)

**图 5-21　6#试件在 1 MPa 静水压力和 9 kV 放电条件下的 CT 扫描结果**

### 5.3.2　5 MPa 静水压+9 kV 放电电压条件下煤岩样 CT 扫描结果

结合图 5-22 和 7#煤岩样其他图层可知,在 5 MPa 静水压力和 9 kV 放电条件下的①号钻孔的新生裂纹较为模糊,开度小,延展长度短,裂纹分部位置不一,很多图层都有裂纹产生。在 800 层、950 层和 1300 层各有三条新裂纹产生,而且裂纹形态相同、位置相同,说明该道裂纹是立体贯通的;在 200 层、400 层和 800 层各有两条裂纹产生,裂纹形态相同,均延伸到钻芯的边缘出,位置也相同,说明该裂纹竖直向上有延展。②号钻孔较多图层上有单一裂纹,裂纹由钻芯边缘向中心延展,逐渐尖灭,没有形成贯通裂纹。

综合图 5-17、图 5-21 以及图 5-22,在相同的放电电压(9 kV),不同的静水压力(1 MPa、3 MPa、5 MPa)的条件下,中心钻孔周围新产生的主裂纹数量相当(2~3 条),裂纹开度都较小,延展度相似;三个试件离开中心钻孔 70 mm 位置处的裂纹数量都比较少,形态单一,开度较小。所以说在相同的放电电压,不同的静水压力的条件下的煤岩体的致裂效果相似。

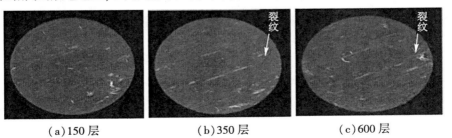

(a) 150 层　　　　　(b) 350 层　　　　　(c) 600 层

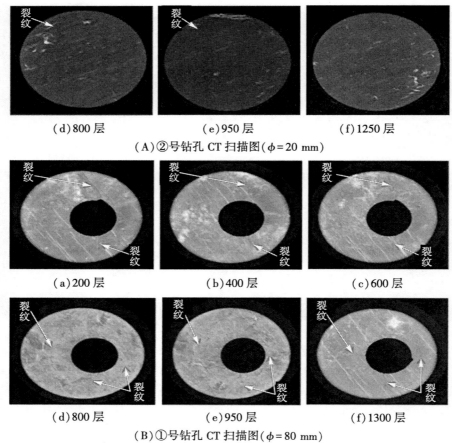

(d)800 层      (e)950 层      (f)1250 层

(A)②号钻孔 CT 扫描图($\phi=20$ mm)

(a)200 层      (b)400 层      (c)600 层

(d)800 层      (e)950 层      (f)1300 层

(B)①号钻孔 CT 扫描图($\phi=80$ mm)

**图 5-22   7#试件在 5 MPa 静水压力和 9 kV 放电条件下的 CT 扫描结果**

### 5.3.3   9 kV 放电电压条件下煤样钻孔内窥镜结果分析

试验完成后对试件通过内窥镜对 6#、7#煤岩样试件钻孔内的裂纹情况进行了观测，观测结果如图 5-23 所示。

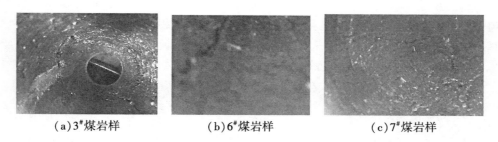

(a)3#煤岩样      (b)6#煤岩样      (c)7#煤岩样

**图 5-23   试验后 3#、6#、7#煤岩样钻孔内裂纹发展分布情况**

通过对图 5-23 分析可知，在 9 kV 放电电压的条件下，6#煤岩样钻孔内壁只有 1 条宽度较大的纵向裂纹产生，3#煤岩样钻孔内侧壁有环向、纵向各一条宽度较大的裂纹产生，

$7^{\#}$煤岩样与 $3^{\#}$ 煤岩样相似。这些裂纹形态各异、宽度不一。

 **本章小结**

利用超声波检测系统、CT 扫描系统和声发射测试分析系统,研究了大尺寸煤岩样的原生裂纹情况以及煤岩样在不同水压、电压条件下的裂纹发生、扩展、演化规律和破坏过程中声发射特征,得到如下结论:

(1)超声波扫描能够检测到试件加载前后煤样内部的宏观裂纹分布变化情况,首波声时差越大,裂纹越宽或数量越多。根据不同测点的首波声时差,可以推测出贯通裂纹的扩展、贯通情况;声发射和 CT 扫描能够反映出煤岩样内部微破裂的演化机制,裂隙扩展除发生在原生裂纹或原有缺陷处外,还有一些新生裂纹产生,主裂纹还能够衍生出一些次级裂隙,裂隙扩展方式以分叉为主,主次裂纹交织形成网络。超声波扫描技术大体上反映了宏观裂纹的分布情况,声发射事件空间分布和 CT 扫描结果能描绘出微观裂纹的分布、形态、发展和贯通,三者的有机结合丰富了煤体破坏机理的研究手段,可以准确地分析煤体内部宏观和微观裂纹的发育特征和扩展、分布规律。

(2)原煤岩样质地坚硬,表面光泽,分布有一些长短不一的硬质条带和一些硬质颗粒,原生缺陷和原生裂纹稀少,原生裂纹长度、开度较小,煤岩样裂隙以零散、孤立分布的短小裂隙为主。总体而言,原煤岩样密实度好,均质度高,原生缺陷少,原生裂隙不发育。

(3)在单一 3 MPa 静水压力作用下,煤岩样试件各面超声波首波声时差变化不大,说明煤岩样的宏观裂纹较少;煤岩样的声发射事件数量较少,主要集中在试件的中上部位,通过 CT 扫描观察到中心钻孔周围原有裂纹出现延展,出现了少许新生裂纹,并延伸到钻芯的边缘,裂纹宽度较原煤样变大,裂隙较清晰,这说明中心钻孔中静水压力对煤体已经有一定的致裂效果,但压裂效果并不理想。

(4)各试件①号钻孔裂纹都是由钻孔中心向边缘逐渐变窄的,部分试件的②、④、⑤钻孔裂纹都是由边缘向钻芯中部逐渐变窄,最后尖灭,说明裂纹是原有裂纹的起裂、扩展或者是新产生的裂纹,并且裂纹是由中心钻孔向试件边缘处扩展的,随着中心钻孔内水激波冲击次数和能量的逐渐消减,其作用范围越来越小,裂纹也停止扩展。

(5)在静水压力不变的情况下,随着放电电压的增加,主裂纹的数量、宽度和长度增加明显,裂纹密度增加,形态更加清晰。分支裂隙主要以开叉的方式向前发展,清晰可见,分布范围呈扩大趋势,并与其他裂隙相互沟通,形成网络。声发射图和 CT 扫描清晰地展现整个裂隙系统的扩展演变过程,随着放电电压增加,裂隙网络逐渐形成,裂纹连通性增强,裂纹在煤岩样中呈立体形态分布,裂隙结构在煤岩样中所占百分比呈非线性增大趋势。虽然各个钻芯的尺度、观测角度略有不同,但得到的裂隙演化规律基本一致,从而证实了水中高压放电压裂煤岩体的正确性和实用性,并且放电电压越大,煤岩体的压裂效果越好,裂隙之间的连通性越好,更利于煤层气的渗流和扩散。

(6)当放电电压不变,静水压力增加时,各试件的裂纹成断续的立体分布,主裂纹、分支裂纹的数量、开度、延展度相当,压裂效果没有明显的改善。这主要是因为静水压力影响放电的击穿延时,水压越高,放电的击穿延时越大,放电能量的转化率越低,作用于煤岩体孔壁的能量越少。虽然水压力增加,由于作用于煤岩体孔壁的能量减小及水体对冲击波压力的抑制作用,在相同放电条件下,静水压力的增加对煤岩样压裂效果的影响并未呈现出简单的正相关性。

# 第6章

# 高压电脉冲水压致裂煤岩体效果定量分析

上一章对煤岩体高压电脉冲水压致裂试验结果及压裂效果已经进行了定性分析和描述,为进一步定量、直观地评价致裂后煤岩体内部裂隙的几何形态和空间分布情况,准确的分析致裂效果,本章继续对 1#、2#、3#、4#、5#煤岩样的 CT 扫描结果,通过孔裂隙特征分析软件[218](pores and cracks analysis system,PCAS)来进一步获取裂隙的长度、宽度、裂隙率、条数等几何初步形态指标相关参数,定量分析评价高压电脉冲水压致裂技术对煤岩体的致裂效果。同时,借助 Mimics 软件强大的三维重建和内部结构可视化功能,分析煤岩样在高压电脉冲水压致裂后裂纹的三维空间立体位置信息,测量三维裂纹的表面积、体积、结点数等几何参数,并进一步利用损伤变量、裂隙率、分形维数对水中高压电脉冲放电后的煤岩体致裂效果进行定量表征,从三维、定量的层面对致裂后的裂纹空间分布与形态和裂纹扩展演化规律进行全方面的分析研究,以期为岩体的致裂技术和储层的结构改造提供一定的技术与理论支持。

## 6.1 CT 扫描结果及二值化处理结果

### 6.1.1 CT 扫描结果

试验操作全部完成以后,将每个煤岩样试件沿着注水的钻孔方向分别在各个试件上进行一个直径为 80 mm 的钻孔取芯,再利用型号 μCT225KVFCB 的高精度 CT 切片扫描实验机对所钻取的煤芯分别进行 CT 切片扫描,经过多次滤波后再重建即可得出如图 6-1 中的试验结果。

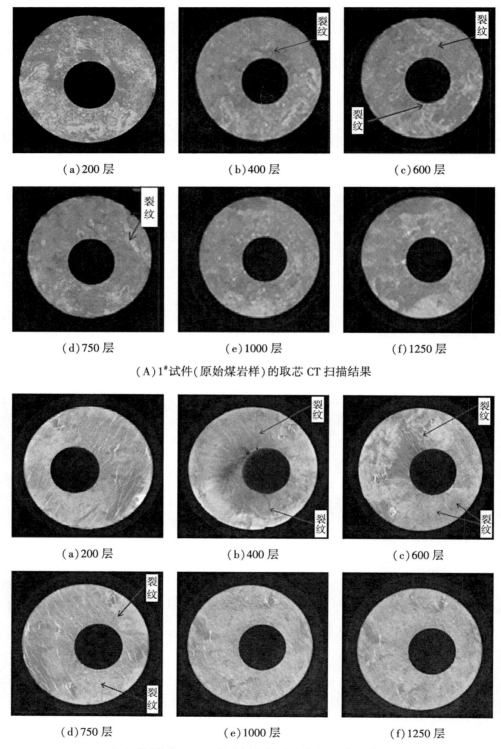

（a）200 层　　　　　　　（b）400 层　　　　　　　（c）600 层

（d）750 层　　　　　　　（e）1000 层　　　　　　（f）1250 层

（A）1#试件（原始煤岩样）的取芯 CT 扫描结果

（a）200 层　　　　　　　（b）400 层　　　　　　　（c）600 层

（d）750 层　　　　　　　（e）1000 层　　　　　　（f）1250 层

（B）2#试件在 3 MPa 静水压作用下的取芯 CT 扫描结果

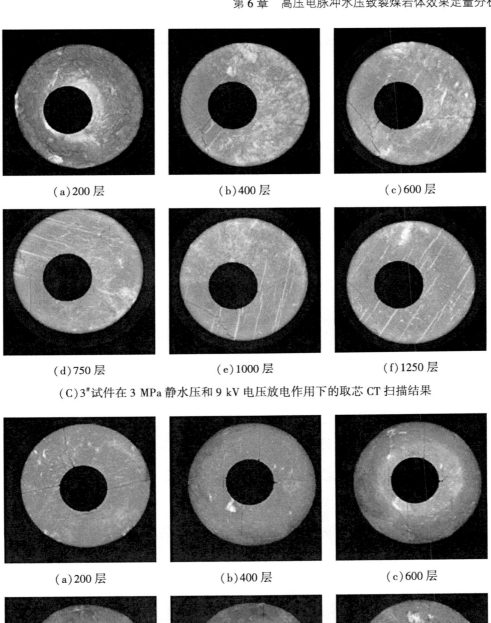

(a)200 层　　　　　　　(b)400 层　　　　　　　(c)600 层

(d)750 层　　　　　　　(e)1000 层　　　　　　(f)1250 层

（C）3#试件在 3 MPa 静水压和 9 kV 电压放电作用下的取芯 CT 扫描结果

(a)200 层　　　　　　　(b)400 层　　　　　　　(c)600 层

(d)750 层　　　　　　　(e)1000 层　　　　　　(f)1250 层

（D）4#试件在 3 MPa 静水压和 11 kV 电压放电作用下的取芯 CT 扫描结果

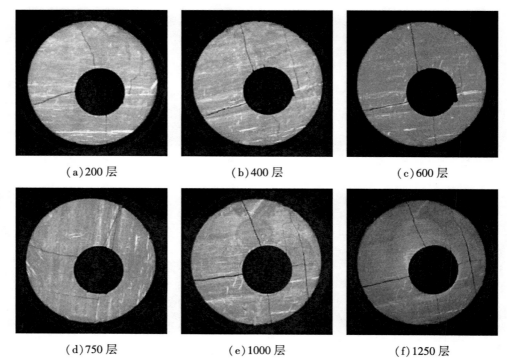

(a)200层                (b)400层                (c)600层

(d)750层                (e)1000层               (f)1250层

(E)5#试件在 3 MPa 静水压和 13 kV 电压放电作用下的取芯 CT 扫描结果

**图 6-1　煤岩体试件的部分 CT 扫描结果**

## 6.1.2　二值化处理结果

为了更加准确评价致裂效果,利用孔裂隙特征分析系统软件(PCAS),首先对图 6-1 中 CT 扫描结果进行了二值化处理,处理结果如图 6-2 所示,然后统计煤岩样在加载条件下的几何形态参数,并以统计结果为基础计算裂隙的分形维数及裂隙宽度概率密度函数,进而以统计和计算结果为评价指标,定量分析评价煤岩体的压裂效果。

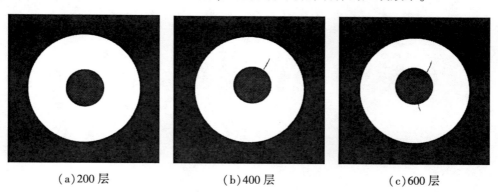

(a)200层                (b)400层                (c)600层

  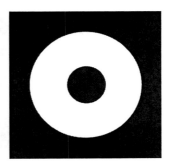

（d）750 层　　　　　　　　（e）1000 层　　　　　　　　（f）1250 层

（A）1#试件（原始煤样）取芯 CT 扫描结果的二值化处理结果

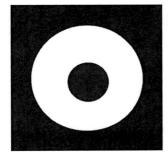 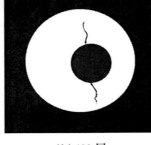 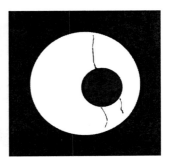

（a）200 层　　　　　　　　（b）400 层　　　　　　　　（c）600 层

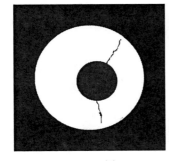  

（d）750 层　　　　　　　　（e）1000 层　　　　　　　　（f）1250 层

（B）2#试件在 3 MPa 静水压作用下取芯 CT 扫描结果的二值化处理结果

 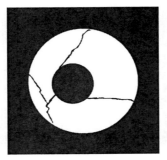 

（a）200 层　　　　　　　　（b）400 层　　　　　　　　（c）600 层

  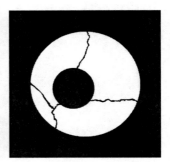

（d）750 层　　　　　　　（e）1000 层　　　　　　　（f）1250 层

（C）3#试件在 3 MPa 静水压和 9 kV 放电电压作用下取芯 CT 扫描结果的二值化处理结果

 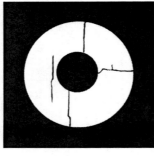 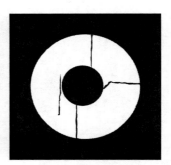

（a）200 层　　　　　　　（b）400 层　　　　　　　（c）600 层

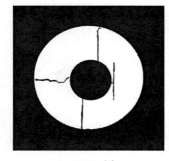 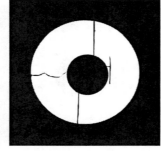 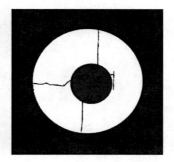

（d）750 层　　　　　　　（e）1000 层　　　　　　　（f）1250 层

（D）4#试件在 3 MPa 静水压和 11 kV 放电电压作用下取芯 CT 扫描结果的二值化处理结果

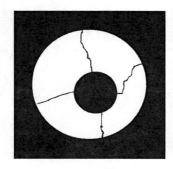 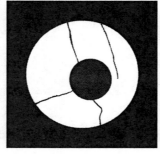 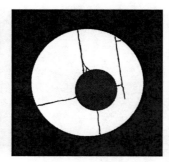

（a）200 层　　　　　　　（b）400 层　　　　　　　（c）600 层

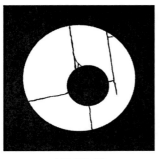 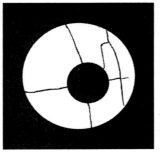 

　　(d) 750 层　　　　　　　　(e) 1000 层　　　　　　　　(f) 1250 层

(E) 5#试件在 3 MPa 静水压和 13 kV 放电电压作用下取芯 CT 扫描结果的二值化处理结果

**图 6-2　不同加载方式下煤样 CT 扫描结果的二值化处理结果**

## 6.2　致裂效果二维定量评价分析

### 6.2.1　裂隙的几何形态参数指标

　　利用 PCAS 软件对试验获取的煤样试件 CT 扫描结果进行进一步分析,整理之后得到的裂隙几何形态参数如图 6-3 所示。其中 1#试件和 2#试件的 200 层、1000 层以及1250 层 CT 扫描结果并没有裂隙产生,故裂隙各项形态参数的值均为 0。

　　裂隙率 $R$ 能够在总的角度上描述水中高压脉冲致裂之后煤样的开裂程度。依次对各个煤岩样试件进行 CT 扫描结果的裂隙率统计可以得到图 6-3(a),分析得到,未进行任何加载的原始煤样 1#试件各层裂隙率的平均值仅仅是 0.05%,裂隙率最小,说明原始煤样原始裂隙较少;只施加了 3 MPa 静水压的 2#试件,在稳定的 3 MPa 静水压的基础上分别进行 9 kV 的高电压脉冲放电加载 3#、4#、5#试件各个层裂隙率的平均值逐渐变大,其中 5#试件最大,可达 1.7%,2#试件的各层裂隙率的平均值是 0.293%,达 1#试件的 6 倍,但 3#试件各层的裂隙率平均值是 1.04%,达到 1#试件的 20 倍,4#和 5#试件各层的裂隙率平均值依次是 1.19% 和 1.7%,为 1#试件的 23.8 倍和 34 倍,这与图 6-1 之中扫描得到的结果基本保持一致。所以仅有单一的 3 MPa 水压加载在试件上达到的的致裂效果并不明显,若可以在 3 MPa 水压加载的基础上进行高压电脉冲放电,它的致裂效果与单一的 3 MPa水压致裂效果比较起来会更佳,并且致裂效果与放电电压有关,放电电压越高,它的致裂效果越好。

　　裂隙节点的个数 $N_J$ 指的是两个裂隙的交点和各裂隙的端点加起来的节点个数,$N_J$ 可以描述煤体裂隙结构分布的丰富性;而裂隙条数 $N_t$ 则可以描述裂隙的疏密程度。在图 6-3(b)、(c)中我们不仅可以清楚明显地看出,相比 1#、2#两个煤岩样试块,煤样试块 3#、4#、5#的裂隙条数和裂隙节点数量曲线变化更加显著,因为 3#、4#、5#试件在保持3 MPa 静水压不变的加载基础上同时施加了高压电脉冲荷载;然而 2#试件与 1#试件比较,裂隙的条数只变多了 3 条,裂隙节点的数量也只多了 1 个,此外发现裂隙的扩展与发育是以非常少的新生裂隙的出现和原有裂隙的延伸与扩展为主要表现形态;3#、4#和 5#试件与

1#试件进行比较可以发现,因为会受到水中高压脉冲放电形成的冲击波作用,所以煤岩体试件全都出现了许多的新裂隙萌生。

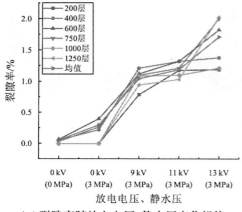

（a）裂隙率随放电电压、静水压变化规律　　　（b）裂隙条数随放电电压、静水压变化规律

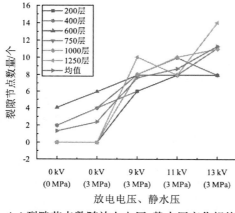

（c）裂隙节点数随放电电压、静水压变化规律　　（d）裂隙平均宽度随放电电压、静水压变化规律

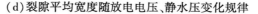

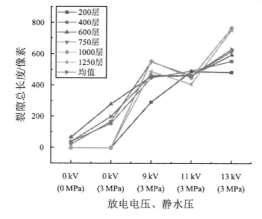

（e）裂隙总长度随放电电压、静水压变化规律

图6-3　各试件裂隙几何形态参数随放电电压、静水压变化规律

煤岩体试件受到 3 MPa 静水压力和高压脉冲放电两种荷载时,试件裂隙的几何形态参数总长度 $L_{sum}$、平均宽度 $W_{av}$ 都可以用来描述其延展情况以及是否发生贯通。通过分析图 6-3(d) 和图 6-3(e) 中统计结果可以得到,1# 试件的 $L_{sum}$ 最大值为 63.9 个像素点,最小值 22.82 个像素点,分布在第 600 层,在其余的 200 层、1000 层及 1250 层都没有出现任何的原生裂隙,1# 试件各个层位 CT 扫描得到的结果显示裂隙平均宽度平均值是 0.61 个像素点,可以发现原始煤样的内部有比较短、比较窄的原生裂隙;与 1# 试件对比分析可知,在 3 MPa 水压加载条件下 2# 试件的原生裂隙发生了一定程度上的延伸扩展并萌生了部分新裂隙,它的 $L_{sum}$ 最大值可以高达 277.75 个像素点,$W_{av}$ 值最高为 1.005 个像素点,可是在 200 层、1000 层以及 1250 层仍未出现新的裂隙;3#、4#、5# 试件的 $W_{av}$ 平均值分别是 2.8097、3.38667、4.04333 个像素点,$L_{sum}$ 的平均值分别是 463.7967、459.1533、627.6733 个像素点。可以发现,施加了高压电脉冲荷载之后,煤岩体试件的 $L_{sum}$ 和 $W_{av}$ 均出现缓慢的增长。

分析可知,原始煤岩样的结构之中存在着少数的宽度比较窄、长度比较短、散落分布的一些原生裂隙;只施加 3 MPa 静水压力,不会得到理想的致裂效果;但是如果在此加载的基础上同时施加水中的高压脉冲交流放电产生的冲击波荷载,$R$、$N_J$、$N_t$、$L_{sum}$ 和 $W_{av}$ 几个参数均出现很大的增长,这可以证明冲击波荷载可以很好地对煤体进行致裂,若电压不断变大,无论是裂纹的萌生情况、网络分布的复杂情况、还是延伸扩展的情况变化都极为明显。

### 6.2.2 裂隙的分形维数 $D$

分形可以定量地描述煤岩体裂隙网络分布的复杂程度,利用上述获取的几何形态参数指标对致裂效果进行进一步定量评价,通过裂隙长度-条数分形测量方法[219]计算得出各个裂隙的 $D$ 值。即依次统计裂隙长度 $L$ 大于等于 $l_1, l_2, l_3, l_4, \cdots$ 个像素的裂隙条数 $N(L)$,记为 $n_1, n_2, n_3, n_4, \cdots$ 如果裂隙满足分形分布,那么分形测量方法满足 $N(L) \propto L^{-D}$,即

$$N(L) = A_0 L^{-D} \tag{6-1}$$

式中:$A_0$——裂隙数量分布初值,大裂隙在煤样试块中的比值呈正比例关系。

对式(6-1)进行对数运算,则

$$\ln N(L) = -D\ln L + \ln A_0 \tag{6-2}$$

由式(6-2)可发现,$\ln N(L)$ 和 $\ln L$ 存在一定的线性关系。如果把 $\ln L$ 当作横坐标轴,$\ln N(L)$ 当作纵坐标轴建立直角坐标系,坐标系中会形成一条直线,那么分形维数 $D$ 就是它的斜率。

依次统计各个试件的裂隙长度分别大于等于 10 个、40 个、100 个、150 个像素点的条数 $N(L)$,再利用 Origin 软件对统计结果进行拟合计算即可获得 $D$、$\ln A_0$。计算统计结果如表 6-1 所示。

裂隙结构的分形维数 $D$ 可以用来描述煤岩体的裂隙网络分布的复杂程度,$D$ 值越大,裂隙形状会更弯折,也会形成更多的分叉;$D$ 值越小,裂隙形状会更加平缓,也不会形成太多的分叉。所以分形维数 $D$ 能够描述裂隙的形状和分布状态,十分的实用、直观、有意义。把各个试件的分形维数 $D$ 和裂隙分步初值的对数分别绘制成图 6-4 所示的分布图。

**表 6-1　不同加载方式下各煤样裂隙长度-条数分形结果**

| 试件 | 裂隙长度/像素 | $\ln L$ | $\ln N(L)$ | 分形维数 $D$ | $\ln A_0$ | 相关系数 |
|------|--------------|---------|-----------|--------------|-----------|----------|
| 1# | 10 | 2.303 | 1.386 | 0.4158 | 1.386 | 0.6 |
|    | 40 | 3.689 | 0 |  |  |  |
|    | 100 | 4.605 | 0 |  |  |  |
|    | 150 | 5.011 | 0 |  |  |  |
| 2# | 10 | 2.303 | 1.946 | 0.6398 | 2.919 | 0.8088 |
|    | 40 | 3.689 | 1.946 |  |  |  |
|    | 100 | 4.605 | 0 |  |  |  |
|    | 150 | 5.011 | 0 |  |  |  |
| 3# | 10 | 2.303 | 3.467 | 0.751 | 4.5655 | 0.7961 |
|    | 40 | 3.689 | 3.135 |  |  |  |
|    | 100 | 4.605 | 2.565 |  |  |  |
|    | 150 | 5.011 | 1.099 |  |  |  |
| 4# | 10 | 2.303 | 3.434 | 0.8615 | 4.787 | 0.7323 |
|    | 40 | 3.689 | 3.178 |  |  |  |
|    | 100 | 4.605 | 2.890 |  |  |  |
|    | 150 | 5.011 | 0.693 |  |  |  |
| 5# | 10 | 2.303 | 3.761 | 0.9492 | 5.2065 | 0.7244 |
|    | 40 | 3.689 | 3.401 |  |  |  |
|    | 100 | 4.605 | 2.773 |  |  |  |
|    | 150 | 5.011 | 0.693 |  |  |  |

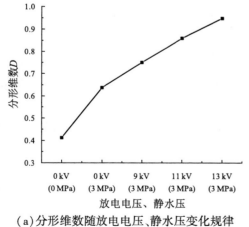

（a）分形维数随放电电压、静水压变化规律　　（b）裂隙分布初值的对数随放电电压、静水压变化规律

**图 6-4　各试件之间分形维数及裂隙分布初值的对数的关系**

通过结合表 6-1 和图 6-4(a)分析可以发现,各个试件的分形维数 $D$ 均处在0.4158~0.9492 的数值区间,证明所有煤样内部裂隙结构都呈现一定程度的相似,满足分形规律;$1^{\#}$~$5^{\#}$试件的 $D$ 值分别是 0.4158、0.6398、0.751、0.8615、0.9492,呈逐步变大的趋势。$1^{\#}$试件的 $D$ 值是 0.4158,即试件的裂隙形状平缓,无分叉裂隙;$2^{\#}$试件的 $D$ 值变大为 0.6398,即试件的裂隙形状开始变得微微曲折,但仍无分叉裂隙;$3^{\#}$、$4^{\#}$、$5^{\#}$试件的 $D$ 值约扩大为到 $1^{\#}$试件的 2 倍,即试件的裂隙形状变化得很不规则,并存在部分分叉裂隙,证明施加的静水压力和高压脉冲荷载与试件的分形维数 $D$ 呈正比例关系,且 $D$ 值越大,裂隙形状越曲折,分叉裂隙越多,裂隙的网络结构和演化过程会越来越复杂。

煤岩体中的大裂隙可以为瓦斯运移提供通道,所以大裂隙的分布直接影响煤层的渗透性和瓦斯抽采的顺利情况,裂隙分布初值的对数 $\ln A_0$ 可以描述试件内部的大裂隙数量与所有裂隙数量之间的比值。由表 6-1 和图 6-4(b)可知,各试件裂隙分布初值的对数 $\ln A_0$ 从 $1^{\#}$~$5^{\#}$分别是 1.386、2.919、4.5655、4.787、5.5065,表现为线性增长,其中 $2^{\#}$~$3^{\#}$试件的曲线斜率最大,$1^{\#}$~$2^{\#}$试件斜率较小,$3^{\#}$~$4^{\#}$和 $4^{\#}$~$5^{\#}$试件斜率达到最小。证明静水压的加载会使试件中产生部分大裂隙,如果再结合高压电脉冲加载,试件内部大裂隙数量逐渐提升,其占所有裂隙的比值 $\ln A_0$ 也急剧增大,并且随着加载的电压越来越大,$\ln A_0$ 值也有相应的增加,但增加的速度较为缓慢。

### 6.2.3　裂隙宽度概率密度函数

试件在加载之后产生的裂隙具有不同的宽度,尺度也会有很大程度上的不同变化,如果只通过裂隙的平均宽度不能详细具体地表达煤岩体的致裂情况。所以为了更加深入地研究裂隙宽度的特性,如下公式可以计算得到裂隙宽度概率密度函数 $f(w)$:

$$f(w) = \frac{\Delta N_i}{N_0 \Delta w} \qquad (6\text{-}3)$$

式中:$\Delta N_i$——裂隙宽度在 $w_i$ 和 $w_i + \Delta w$ 之间的裂隙数;

$\quad\;\; N_0$——裂隙总数;

$\quad\;\; f(w)$——裂隙宽度在 $w_i$ 和 $w_i + \Delta w$ 之间的裂隙数占所有裂隙数的比例。

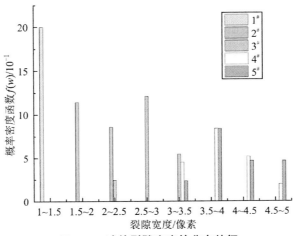

图 6-5　试件裂隙宽度的分布特征

概率密度函数 $f(w)$ 是通过统计学相关知识分析裂隙的几何参数分布特征,令定量评价煤岩体的致裂效果更为可信,图 6-5 统计了 5 个试件裂隙宽度的分布状态。从图中可以发现,对比观察 3#、4#、5#试件与 1#、2#试件,前者的裂隙宽度分布范围显然是比较大的;1#试件的裂隙宽度分布主要出现在 1~1.5 个像素内,分布的范围最小;2#试件的分布主要出现在 1.5~2.5 个像素内,与 1#试件共同比较下最宽的裂隙是 2.37 个像素;3#试件 60%的裂隙宽度分布在 2.5~3 个像素内;4#和 5#试件的裂隙宽度分布大部分集中出现在 3~5 个像素内,两者对比最宽的裂隙是 5#试件,裂隙宽度为 4.98 个像素。通过分析所有试件的最大裂隙宽度概率密度可以发现,存在的概率密度变化规律是 5#>4#>3#>2#>1#。同时证明 3#、4# 和 5#试件裂隙宽度都比较大,尤其是 4#和 5#试件,可见这两个试件水中高压脉冲放电作用下产生的裂隙分布最为复杂,致裂效果也非常明显。

## 6.3　试件裂纹三维重构及定量评价分析

为了进一步分析试件压裂后的裂纹空间分布与形态,借助 Mimics 软件强大的三维重建和内部结构可视化功能重建了原始煤岩样(1#煤岩样)及高压电脉冲水压致裂后实验试件(3#、4#、5#煤岩样)的三维裂纹模型,通过调整透明度,从任意角度观察展示水压致裂煤岩体后裂纹结构的三维空间立体位置信息,测量三维裂纹的表面积、体积、结点数等几何参数,并进一步利用损伤变量、裂隙率、分形维数对水中高压电脉冲放电后的煤岩体致裂效果进行定量表征,从三维、定量的层面对致裂后的裂纹扩展演化规律进行全方面地分析研究。

### 6.3.1　煤岩裂纹三维重建过程

#### 6.3.1.1　Mimics 软件与三维重建原理

CT 三维重构主要指通过图像处理技术与计算机成像学相结合,将 CT 扫描获取的一系列二维断层切片图像上的线条重构为立体的三维形体,并在屏幕上显示出来,三维重构过程中会利用 CT、核磁共振等手段提取出二维图像的数据信息,经分割和提取后,逐层或逐点堆积出的三维物体,构建组织的三维几何表达,并进行相关研究的技术[220]。

Mimics[221]( Materialise's interactive medical image control system)是 Materialise 公司的交互式的医学影像控制系统,是一套高度整合且易用的 3D 图像生成及编辑处理软件。它能输入各种扫描的数据(CT、MRI),建立 3D 模型进行编辑,然后输出通用的 CAD(计算机辅助设计)、FEA(有限元分析)、RP(快速成型)、虚拟现实(VR)等格式,可以在 PC 机上进行大规模数据的转换处理,另外 Mimics 提供了多个有限元软件的接口,如 Patran、Nastran、Abaqus、Fluent 和 Ansys 等,通过这些接口可以将重建的三维模型输出,对于后续的模型数据分析处理工作提供了十分便利的条件。

(1)Mimics 软件重建原理　假定有一个长方体内部包埋着未知结构的物体,如果没有其他方法可以获得未知物体的结构信息时,可以沿长方体的 $z$ 轴方向,对其进行等间隔 $d$(其中 $d$ 可以为无限小)的水平横切,获得一系列水平断层切片,如图 6-6 所示。

随机取出某一断层(比如第 5 层,图 6-7),观察其内部物体的相应断面。假定将断层放在一个三维坐标系中,观察未知物体轮廓上点 $P$ 的三维坐标,如图 6-8 所示。点 $P$ 在 $x$ 轴和 $y$ 轴的坐标值 $(x,y)$,可以由其在水平断面上的位置确定;点 $P$ 在 $Z$ 轴的坐标值 $(z)$,可以由切割的间距 $(d)$ 和切片的顺序 $(n)$ 的乘积确定 $(z=dn)$,因而如图 6-7 所示,连续断层切片上的点 $P$ 包含了未知物体准确的三维坐标信息,由点及面,由面及体,将连续断层影像数据导入 Mimics 软件集合为体数据集,即可观察到未知物体的三维结构信息。

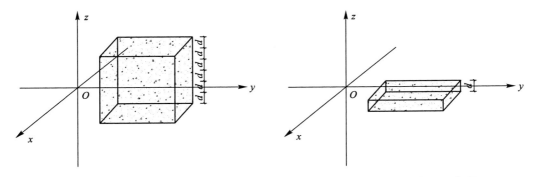

图 6-6　沿 $Z$ 轴等距分割的长方体　　　　　图 6-7　第 5 层断面示意图

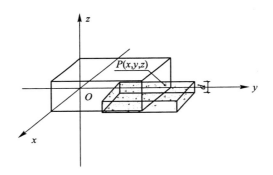

图 6-8　内部物体上点 $P$ 的三维坐标

（2）体数据与连续断层影像数据　体数据（volume data, volumetric date）是指在有限空间内,对一种或者多种物理属性的一组离散采样,可表示为 $f(x)$,$x \in R^n$,$(x)$ 是 $n$ 维空间的采样点（sample point）的集合。若是三维采样空间（$n=3$）,则称 $f(x)$ 为三维（3D）体数据;而当 $n>3$ 时,则称 $f(x)$ 为高维体数据（high-dimensional volume data）。

采样点的采样值可以是单值或多值,单值时称为标量体数据,多值时称为向量体数据。CT 的采样值反映组织对 X 射线的衰减率,是标量体数据。MRI 每个采样点上有3 个采样值,分别代表组织的质子密度、弛豫时间 $T_1$ 和弛豫时间 $T_2$,是向量体数据。建模所需的每一层 CT 影像数据均可看作体数据的一个子集,是三维的有规则结构的标量体数据,可用三维数组表示为[221]

$$\{f[i,j,k],(\Delta x, \Delta y, \Delta z)\}, \begin{cases} i = 0,1,\cdots,d_1 - 1 \\ j = 0,1,\cdots,d_2 - 1 \\ k = 0,1,\cdots,d_3 - 1 \end{cases} \tag{6-4}$$

式中：$\Delta x$、$\Delta y$、$\Delta z$——采样点在三个轴向上的间距；

  $d_1$、$d_2$、$d_3$——数据维数；

  $f[i,j,k]$——体数据在$f(i,j,k)$上的灰度或密度。

例如图片格式为 DICOM，$f(i,j,k)$数据值一般为 16 位图像，取值为 0~65535 的整数，但当$f(i,j,k)$的值为 0 和 1 时，则被称为二值体数据，软件重建过程中建立的蒙版（Mask）即以二值体数据的方式储存。

（3）体素化与三维重建　传统的计算机图形学是以面和边等基元来描述物体，是连续的几何描述，不含内部信息。而体数据是以三维基元（体素）来描述整个物体，是有限个离散采样，包含物体内部的信息。体数据可以由 CT 等断层扫描设备获得，也可以将连续的三维模型体素化转化成体数据。与体素化相反的过程是体数据的三维重建（3D reconstruction），它从体数据中抽取出物体的表面。

体素化（建立蒙版 Mask）和三维重建是实现离散的体数据表示与连续的几何表示间互相转换的两个互逆过程。在 Mimics 软件中，基于三维蒙版计算三维模型即三维重建过程，而基于三维模型计算蒙版即体素化过程。

### 6.3.1.2　煤岩裂纹三维重建流程

煤岩的三维重建技术需要借助一定的计算机软件或先进的数学算法，本文利用 Mimics 软件将 CT 图像重新组合建立成为一个体数据集，形成重建后的三维模型。实现从立体空间上观察裂纹在煤岩中的分布情况，另外进行多角度调整，深入研究煤岩内部裂纹结构的起裂、发育及损伤情况。

以下为 Mimics 软件重建煤岩裂纹的具体操作流程。

（1）图片预处理　在导入 Mimics 软件之前，需要对图片进行前期的预处理[原灰度图像如图 6-9（a）所示，即原始 CT 图像]。首先利用裂隙图像识别与分析系统软件（pores and cracks analysis system，PCAS）对 CT 图片进行二值化处理，即选择适合的灰度值范围进行阈值分割，使裂纹、煤岩芯基体区分为黑白两色，其中裂纹显示为黑色，灰度值 $R=G=B=225$；其他部分（煤岩芯基质、高密度矿物质等）显示为白色，灰度值 $R=G=B=0$ 如图 6-9（b）所示。二值化处理之后可将裂纹单独提取出来并赋予一些较为鲜亮的颜色，便于其在煤岩芯中辨识，如图 6-9（c）所示。最后将提取并更换过颜色的裂纹重新附在原 CT 扫描图片上，如图 6-9（d）所示，可实现对煤岩芯试件基体与裂纹两部分的组合重建。

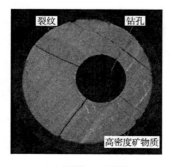

（a）原始 CT 图像　　　　　　　　（b）二值化处理后图片

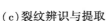
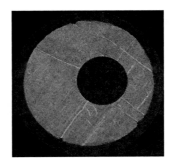

（c）裂纹辨识与提取　　　　　（d）图片预处理结果

**图 6-9　图片预处理流程**

（2）导入软件重建　将预处理完成后的所有图片导入 Mimics 软件，为防止重建过程中出现错位或层位排列错乱的现象，需严格将图片按照实际试件所在的层位进行升序或降序排列命名，还要对 X、Y、Z 的扫描分辨率进行调整，即根据试件排列的方位（Top、Bottom、Left、Right）逐一判断，见图 6-10。其中 L-R 视图为轴向视图（即水平层位切片），经左右方向切割煤岩芯所得的竖向切片图，A-P 为轴向视图经前后方向切割煤岩芯所得的竖向切片图。

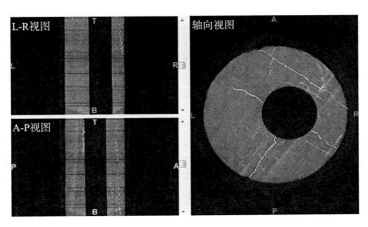

**图 6-10　调整图片扫描分辨率**

（3）建立蒙版　基于不同材料表现出不同的灰度值，导入图像后利用 profile line 命令提取灰度分布曲线，利用 Mask 命令新建出裂纹和煤岩体试件基体两个蒙版，并根据灰度分布曲线依次分析出最优灰度值范围进行阈值分割，如图 6-11 所示，以 3# 试件为例。

阈值分割结束后会发现部分图片仍分布着少量与裂纹灰度值类似的杂点，即存在伪影，因此需对裂纹的蒙版进行伪影消除，如图 6-12 所示。用 Edit Masks 命令逐层编辑删除杂质点，或 Multiple Slice Edit 命令对多层图片中相同杂质点进行批量处理。

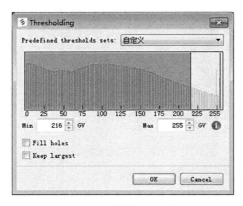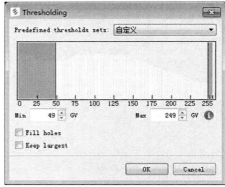

（a）煤岩芯基体蒙版阈值分割    （b）裂纹蒙版阈值分割

**图 6-11    裂纹、煤岩芯基体蒙版阈值分割**

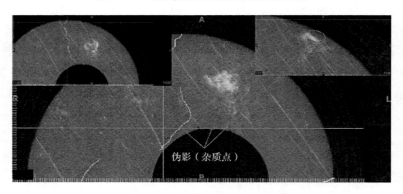

**图 6-12    裂纹蒙版伪影消除**

（4）蒙版组合与计算    两个蒙版都处理完成后，通过 Calculate masks 命令对煤岩试件基体和裂纹两部分蒙版模型进行重建并计算，结果如图 6-13 所示，视图窗口与图 6-10 基本一致，其中 L-R 切面和 A-P 切面均可从不同方向上观察煤岩芯分割出来的各层竖向裂纹分布情况，轴向切面则可对裂纹水平方向上的形态进行观察，3D 模型窗口即为最终获取的三维重建模型。

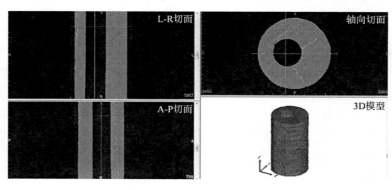

**图 6-13    蒙版重建与计算**

### 6.3.2　各试件内部裂纹重建结果

#### 6.3.2.1　各试件内部裂纹重建结果

重建完成后获取的模型如图 6-14 所示,以 3# 试件为例。

**图 6-14　重建模型(3#试件)**

将基体蒙版透明度调至最高,裂纹调至不透明,即可导出原煤岩钻芯和三种不同荷载条件下煤岩钻芯的三维重建透视图,可更清晰直观地观察内部裂纹形态分布特征,其中灰色高透明度部分代表煤岩基体,不透明部分代表裂纹。并经 Mimics 软件统计可得各试件内部存在的裂纹表面积、体积、结点总数,见表 6-2。

**表 6-2　三维重建结果及其裂纹表面积、体积、结点总数统计**

| 试件编号 | 透视图 | 裂纹表面积/$mm^2$ | 裂纹体积/$mm^3$ | 裂纹结点总数 |
|---|---|---|---|---|
| 1#试件 |  | 604.33 | 152.18 | 1102 |
| 3#试件 |  | 38379.53 | 3182.85 | 781802 |

**续表 6-2**

| 试件编号 | 透视图 | 裂纹表面积/mm² | 裂纹体积/mm³ | 裂纹结点总数 |
|---|---|---|---|---|
| 4#试件 | | 54666.93 | 3603.47 | 982884 |
| 5#试件 | | 88070.27 | 8777.05 | 2818807 |

由表 6-2 中重建透视图可清晰地观察到煤岩芯试件内部裂纹结构及分布状态,其中 1#试件为未进行加载的原始煤样,其内部仅存在极少的天然微裂纹,对试件的影响几乎可以忽略不计,因此后面将不对其进行分析;3#试件主要存在 2 片从顶部贯通到底部的双翼裂纹,且沿钻孔呈相对方向分布状态;4#试件的裂纹网络明显,相较 3#试件更为复杂,2 片裂纹沿钻孔呈不同角度分布,但组成各个片状裂纹的小裂纹之间密集程度均相对较小;5#试件由多片裂纹交叉形成了大块的煤岩芯损伤区域,且裂纹均从顶部直接贯通到底部,裂纹网络结构最为复杂。

由表 6-2 中各试件裂纹参数可发现,3#试件、4#试件、5#试件无论是裂纹表面积、裂纹体积还是各微小裂纹之间的结点总数均有一定量的增高。4#试件与 3#试件内部的裂纹表面积从 38379.53 mm² 增长到了 54666.93 mm²,两者之间增幅约为 42%,而 5#试件裂纹表面积为 88070.27 mm²,相较 4#试件又增加了约 61%;3#试件内部的裂纹体积为 3182.85 mm³,4#试件内部的裂纹体积为 3603.47 mm³,较前者增幅仅为 13%,而 5#试件内部裂纹体积为 8777.05 mm³,为 4#试件的将近 2.5 倍;3#试件的结点总数为 781802,4#试件的裂纹结点总数为 982884,相较前者增幅约为 26%,5#试件的裂纹结点总数为 2818807,是 4#试件裂纹结点总数的将近 3 倍;可见保持 3 MPa 静水压不变,随着电压从 9 kV、11 kV 到 13 kV 的逐渐增大,煤岩体内部裂纹的表面积、体积、节点总数均有显著提高,即对煤岩体的致裂效果也越来越好,尤其是电压从 11 kV 变化到 13 kV,各参数增幅最大,其中裂纹结点数表现得尤为明显,可间接推断 3 MPa 静水压、13 kV 电压条件下的裂纹网络结构也更为复杂,利于煤层气的渗流与运移。

6.3.2.2　裂纹分区与各裂纹群分布形态特征

为了更清晰、具体地观察每个煤岩芯试件中裂纹结构形态,根据裂纹在煤岩芯试件空间上的分布与连通情况,将其进行裂纹分区并逐一标记为不同的颜色,继而调整模型三维切片至适宜的角度及位置,分别提取各试件俯视图、整体裂纹三维切片图及其每个裂纹区域的三维切片图,如图 6-15~图 6-17 所示。

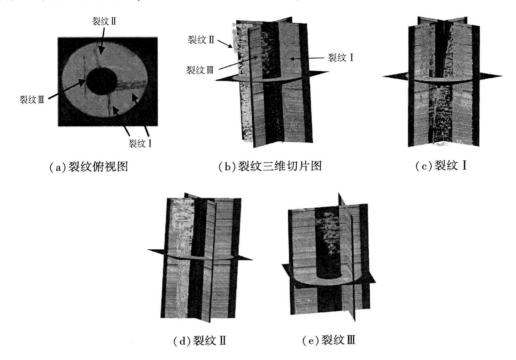

（a）裂纹俯视图　　　（b）裂纹三维切片图　　　（c）裂纹Ⅰ

（d）裂纹Ⅱ　　　　　（e）裂纹Ⅲ

**图 6-15　3#试件裂纹俯视图及裂纹整体、局部三维切片图**

分析图 6-15,由整体裂纹俯视图(a)和裂纹三维切片图(b)可以看出,3#试件存在着由钻孔边缘起裂扩展的三翼裂纹,即裂纹Ⅰ[图(c)]、裂纹Ⅱ[图(d)]及裂纹Ⅲ[图(e)],这些裂纹都是由无数微小裂纹组成的裂隙带,其分布范围、面积、体积各不相同,形态各异。其中裂纹Ⅰ、裂纹Ⅱ由中心钻孔边缘起裂、向试件边缘发展,是由水中高压电脉冲荷载冲击作用形成的裂纹结构,裂纹Ⅲ是一条与钻孔切线方向平行的裂纹。从图(c)可以看出裂纹Ⅰ是一个呈"V"字形的裂纹,从试件顶部一直贯通到试件底部,经测量"V"字形在竖直方向上的竖向开叉角度为 14.13°,且在煤岩芯试件上半部分从 91.05°的水平分叉角度逐渐变小,在试件的中部偏下位置处汇合成为无分叉的单支裂纹,这是由于冲击波首先作用于煤岩芯顶部,所携带能量较大,钻孔周边有两个方向上的双翼裂纹起裂扩展,随着冲击波向试件底部传播能量逐渐减小,裂纹Ⅰ出现汇合现象。图(d)中的裂纹Ⅱ形态相对于裂纹Ⅰ较为简单,由煤岩芯顶部直接贯通到底部,但裂纹中上部在水平方向上的宽度大于下部,该裂纹呈现为"上宽下窄"的状态。图(e)中的裂纹Ⅲ存在于局部区域,而且面积较小,上下未贯通,出现在煤岩芯试件的中上部,下部仅有数量极少的微裂纹。由此可见,裂纹起裂扩展的与距放电电极的距离、放电能量均有关系,而且裂纹空间形态、分布特征复杂。

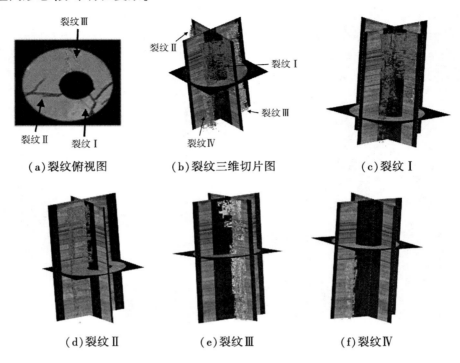

(a)裂纹俯视图　　　　(b)裂纹三维切片图　　　　(c)裂纹Ⅰ

(d)裂纹Ⅱ　　　　(e)裂纹Ⅲ　　　　(f)裂纹Ⅳ

**图 6-16　4#试件裂纹俯视图及裂纹整体、局部三维切片图**

　　分析图 6-16,由整体裂纹俯视图(a)和裂纹三维切片图(b)可以看出,4#试件内部产生了 4 条主裂纹和一些分支裂纹以及无数细小裂纹,其中主裂纹Ⅰ、Ⅱ、Ⅲ、Ⅳ均是由中心钻孔侧壁起裂向煤岩芯边缘扩展延伸,而且扩展充分、空间网络复杂。裂纹Ⅰ、Ⅲ在竖向上基本贯通,裂纹Ⅱ、Ⅳ在竖向上断续分布,其中裂纹Ⅳ面积、长度都较小。裂纹Ⅰ[图(c)]和裂纹Ⅱ[图(d)]在竖直方向上形态基本相似,均是状为"上宽下窄"的旗形,但裂纹Ⅰ的面积、体积以及疏密程度稍大于裂纹Ⅱ。另外结合裂纹俯视图(a)可以发现二者均有分叉,裂纹Ⅰ为一个弧形的主裂纹且内外两侧分别分布着分支裂纹,整个裂纹形似"Y"字形,而裂纹Ⅱ呈现一个"V"字形的分叉现象,分叉角度为 37.51°,较 2#试件的裂纹Ⅰ分叉角度大。裂纹Ⅲ[图(e)]在竖直方向上从顶部贯通到底部,水平方向上与裂纹Ⅱ类似的"V"字形,但略显弯曲,角度较小,约为 26.57°;裂纹Ⅳ[图(f)]是仅存在于煤岩芯试件中下部的非贯通型裂纹,分布在裂纹Ⅰ的周围,延展长度、面积、体积都较小,由钻孔边缘向外延伸但并未扩展到试件边缘。

　　分析图 6-17,由整体裂纹俯视图(a)和裂纹三维切片图(b)可以看出,5#试件有 5 个裂纹分布区域,各部分在空间上连通程度不同,5 条主裂纹由无数细小裂纹和分支裂纹构成。其中Ⅰ裂纹群[图(c)]结构最为复杂,裂纹纵横交织,在空间上已经形成互相贯通的裂纹网络,两条从钻孔边缘向外扩展延伸的主裂纹分叉延展、交汇成一条平行于钻孔切线方向的另一主裂纹,整体呈现为"井"字形,同时各条主裂纹又有多条分支裂纹,且裂纹群从煤岩芯试件顶端贯通到底端,竖向贯通性良好,有利于煤层气溢出。裂纹Ⅱ

[图(d)]、裂纹Ⅲ[图(e)]和裂纹Ⅳ[图(f)]形态基本一致,均是从钻孔边缘向外扩展延伸,且能从煤岩芯试件顶端贯通到底端,无交叉、分叉现象,形态上相对于裂纹Ⅰ简单。裂纹Ⅴ[图(g)]与裂纹Ⅳ平行分布,主要存在于煤岩芯试件的中上部,非上下贯通型裂纹,试件下部仅有极小面积的微裂纹存在。

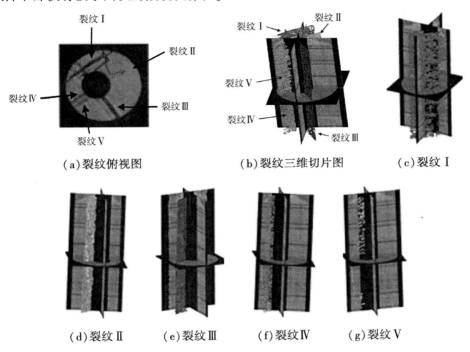

(a)裂纹俯视图　　　　(b)裂纹三维切片图　　　　(c)裂纹Ⅰ

(d)裂纹Ⅱ　　(e)裂纹Ⅲ　　(f)裂纹Ⅳ　　(g)裂纹Ⅴ

**图6-17　5#试件裂纹俯视图及裂纹整体、局部三维切片图**

综上所述,试件致裂后产生的裂纹大多呈现为蜂窝型的片状结构,而每片裂纹又由无数条的细小裂纹联结而成,细小裂纹最后组合形成分支裂纹及几条主裂纹(群),空间网络结构极其复杂,并且随着电压的升高,煤岩芯中存在的裂纹无论是在数量、面积、体积,还是空间分布的复杂程度上都有显著的提高,可见放电电压是高压电脉冲致裂煤岩体十分重要的一个影响因素。在3 MPa水压条件下,当试件放电电压为9 kV时,煤岩芯内部有2条贯通式主裂纹产生,裂纹相互独立;当试件放电电压为11 kV时,煤岩芯内部主裂纹增加到4条,裂纹呈贯通式、断续分布,复杂程度增加明显;当试件放电电压增加到13 kV时,煤岩芯内部贯通式主裂纹增加到5条,其中存在有一条形态复杂的裂纹群(裂纹Ⅰ),裂纹面积增加明显,复杂程度进一步增加。可见,在水压电脉冲冲击波作用下,煤岩体试件内部的裂纹形态结构、数量、面积、体积、贯通情况等,均随放电电压升高而变化明显;放电电压越高,煤岩体内部主裂纹、细小分支数量越多,裂纹面积、体积越大,形态越复杂,裂纹发育越剧烈,破坏程度越严重,形成一定规模的裂纹空间网络,可为煤层气的渗透和运移提供良好的空间环境。

### 6.3.3　煤岩致裂效果定量评价分析

以上研究对水压电脉冲压裂煤岩体的致裂效果和裂纹扩展、分布、形态规律,进行了定性分析研究,为进一步定量研究煤岩体内部裂纹空间结构特征及其损伤特性,本研究将通过引入损伤因子、裂隙率、分形维数继续研究其致裂效果。

### 6.3.3.1 煤岩损伤分析

煤岩在外部荷载和地应力作用下,由裂缝引起的煤岩材料的劣化,这一现象称之为损伤,可采用损伤变量和损伤因子直观表达岩石的损伤程度,进而探讨煤岩损伤问题。损伤变量可以通过公式(6-5)计算:

$$D = \frac{A - A_1}{A} = \frac{V_D}{V} \tag{6-5}$$

式中:$A$——无损伤时岩石的承载面积;

$A_1$——损伤后岩石的有效承载面积;

$V$——原始体积;

$V_D$——损伤单元体积。

其中:

$$\begin{cases} D = 0 & \text{材料无损伤} \\ 0 < D < 1 & \text{材料有一定的损伤} \\ D = 1 & \text{材料完全破坏} \end{cases} \tag{6-6}$$

结合表6-2数据计算可得各试件的损伤变量,并绘制出各试件损伤变量随电压变化图,见图6-18。

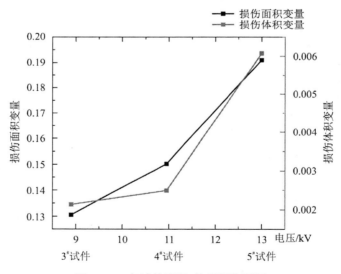

图6-18　各试件面积、体积损伤因子

分析图6-18可发现,根据损伤前后裂纹面积、体积计算而得的损伤变量均随电压的升高而升高,相对而言,根据面积变化而得到的损伤变量更大一些。从3#试件到4#试件,裂纹的损伤变量变化率相对较小,根据面积变化而得到的损伤变量随电压的变化率为0.98%,根据体积变化而得到的损伤变量随电压的变化率为0.018%;但从4#试件到5#试件,两损伤变量在数值上均有大幅度的提高,根据面积变化而得到的损伤变量随电压的变化率为 2.02%,较前者提高了 2 倍左右,而根据体积变化而得到的损伤变量随电压的变化率为 0.18%,较前者提高了 10 倍,可见放电能量(放电电压)对煤岩体损伤及裂纹结构的影响较大,尤其是对裂纹体积方面的影响显著,这也说明了,随着放电电压的升高,产生的致裂空间分布更广、裂纹体量更大。

### 6.3.3.2　煤岩裂隙率分析

损伤变量表征了煤岩体内部微观的损伤情况,煤层气实际抽采工作中仍需进一步细化研究其损伤方位,以确定煤层气渗流通道,为煤层气抽采提供指导。为了探索高压电脉冲水压致裂后煤岩不同方向上裂纹的分布情况,将其三维重建后得到的俯视图导入PCAS 软件中,求得裂隙率存在于各个角度上的数值,见表 6-3,并绘制相应玫瑰图,见图 6-19。

表 6-3　各试件不同角度裂隙率统计

| 序号 | 3#试件 | | 4#试件 | | 5#试件 | |
|---|---|---|---|---|---|---|
| | 角度/(°) | 裂隙率 | 角度/(°) | 裂隙率 | 角度/(°) | 裂隙率 |
| 1 | 0 | 0.5267 | 28 | 0.5172 | 306 | 0.5790 |
| 2 | 178 | 0.6407 | 172 | 0.4775 | 328 | 0.3775 |
| 3 | 354 | 0.4206 | 200 | 0.4260 | 24 | 0.3141 |
| 4 | 162 | 0.4171 | 238 | 0.3165 | 316 | 0.2674 |
| 5 | 294 | 0.3204 | 124 | 0.2855 | 80 | 0.2564 |
| 6 | 102 | 0.2859 | 186 | 0.2627 | 144 | 0.2526 |
| 7 | 32 | 0.2759 | 204 | 0.2421 | 322 | 0.2455 |
| 8 | 22 | 0.2182 | 194 | 0.2168 | 192 | 0.2175 |
| 9 | 304 | 0.214 | 158 | 0.2092 | 140 | 0.2147 |
| 10 | 348 | 0.1647 | 320 | 0.1749 | 90 | 0.2023 |
| 11 | 98 | 0.1567 | 18 | 0.1529 | 282 | 0.1730 |
| 12 | 338 | 0.1402 | | | 286 | 0.1650 |
| 13 | 190 | 0.1216 | | | 338 | 0.1571 |
| 14 | 324 | 0.1148 | | | 118 | 0.1559 |
| 15 | 318 | 0.1142 | | | 278 | 0.1465 |
| 16 | 196 | 0.1141 | | | 266 | 0.1454 |
| 17 | 76 | 0.1066 | | | 346 | 0.1358 |
| 18 | 124 | 0.0874 | | | 94 | 0.1216 |
| 19 | | | | | 48 | 0.1045 |
| 20 | | | | | 208 | 0.1043 |

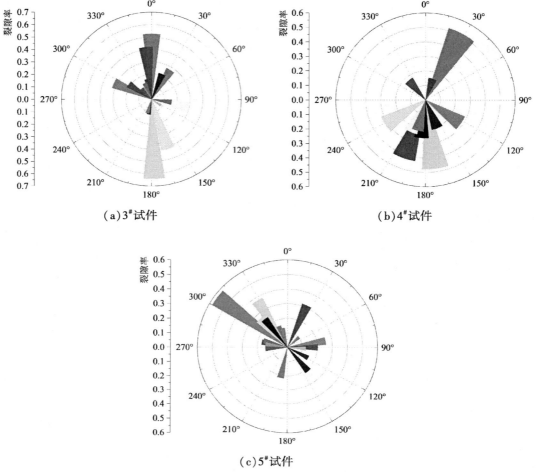

（a）3#试件　　　　　　　　　　（b）4#试件

（c）5#试件

图6-19　各试件不同角度裂隙率分布玫瑰图

由图6-19可知,3个试件各方向裂隙率大小不一,且空间分布的角度数量也存在较大差异,可见在不同电压加载条件下,煤岩内部形成了复杂程度不同的裂纹网络。其中3#试件[图(a)]的裂纹统计方位角度为18个,裂纹主要集中分布在38°~305°与115°~245°两大区域,170°~190°处裂隙率最大达0.6474,其他方向上裂隙率处于0.0874~0.2859之间,裂隙率较小,平均裂隙率为0.247;4#试件[图(b)]的裂纹统计方位角度为11个,其中6个角度方向上的裂隙率均大于3#试件的平均裂隙率,4#试件的平均裂隙率为0.298,整体裂纹分散在较少的方位角度上,比较集中,但各角度上的裂隙率较大,最大裂隙率为0.518,出现在15°~45°之间;5#试件[图(c)]的裂纹统计方位角度多达20个,最大裂隙率为0.579,出现在300°~310°之间,其他裂纹基本呈360°均匀分布的现象,平均裂隙率为0.217。由此可见,随着放电电压的增大,裂纹平均裂隙率变化不大,最大裂隙率先减小后增大;随着放电电压的增大,煤岩体内部出现的裂纹首先由对称的两个角度集中起裂,逐渐向少量角度集中分布的方向上发展,最后呈360°环向发散状分布,最后形成多角度的裂纹网络,这极利于实际工程中的煤层气的渗透和流通。

#### 6.3.3.3　分形维数计算

为了进一步分析煤岩体内部裂纹网络分布的复杂程度与裂纹面的曲折状态,可以通过分析计算分形维数 $D$ 来表征煤岩裂纹这一特征,一般情况下分形维数 $D$ 处于 $1\sim3$ 之间,裂纹会具有分形特征[222]。$D$ 值越大,微小裂隙形状会更弯折,互相联结时会形成更多的裂隙网,裂纹面弯曲、交叉的状态越明显;$D$ 值越小,微小裂隙形状会更加平缓,联结时形成的裂隙网数量更少,裂纹面更为平整,不会出现更多的交叉、分叉现象。本书利用盒维数法计算分形维数:

$$D = \frac{\log(\dfrac{N_{i+1}}{N_i})}{\log(\dfrac{\delta_i}{\delta_{i+1}})} \tag{6-7}$$

式中:$D$——分形维数;

　　　$\delta_i$——第 $i$ 部格子边长;

　　　$N_i$——第 $i$ 部需要的格子数;

　　　$\delta_{i+1}$——第 $i+1$ 部格子边长;

　　　$N_{i+1}$——第 $i+1$ 部需要的格子数。

由盒维数法公式(6-7)可发现,$\log(\delta_i/\delta_{i+1})$ 和 $\log(N_{i+1}/N_i)$ 存在一定的线性关系。如果把 $\log(\delta_i/\delta_{i+1})$ 当做横坐标轴,$\log(N_{i+1}/N_i)$ 当做纵坐标轴建立直角坐标系,坐标系中会形成一条直线 $y=a+bx$,那么斜率 $b$ 就是分形维数 $D$。通过分析盒维数法对分形维数进行统计计算,在 Mimics 三维重建软件中分别依次导出 3# 试件的裂纹群 Ⅰ、Ⅱ、Ⅲ 和 4# 试件的裂纹群 Ⅰ、Ⅱ、Ⅲ、Ⅳ 以及 5# 试件的裂纹群 Ⅰ、Ⅱ、Ⅲ、Ⅳ、Ⅴ 的裂纹表面积,设定尺寸为 $\delta_i\times\delta_i$ 的若干个正方形格子覆盖裂纹表面积,本文选取的格子边长 $\delta_i$ 分别为 2 mm、4 mm、6 mm、8 mm、12 mm、16 mm、20 mm、24 mm、28 m,分别计算出第 $i$ 部、第 $i+1$ 部覆盖裂纹表面积所需的格子数 $N_i(\delta_i)$、$N_{i+1}(\delta_{i+1})$,并求得对应的 $\log(\delta_i/\delta_{i+1})$、$\log(N_{i+1}/N_i)$,最后利用 Origin 软件对所有统计结果依次进行拟合计算即可获得分形维数 $d$。图 6-20 分别为 3# 试件、4# 试件、5# 试件的分形维数拟合图,表 6-4~表 6-6 为各试件分形维数相关数据统计与计算结果。

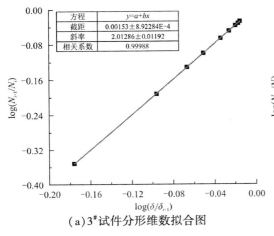

（a）3# 试件分形维数拟合图

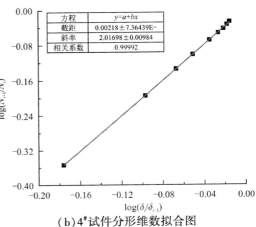

（b）4# 试件分形维数拟合图

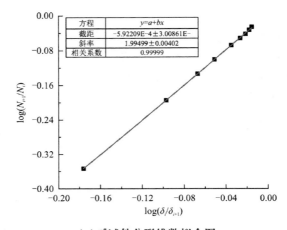

（c）5#试件分形维数拟合图

**图6-20　各试件分形维数拟合图**

**表6-4　3#试件各裂纹群分形维数相关数据统计结果**

| 裂纹群 | 表面积 /mm² | 格子边长 $\delta$/mm | 所需格子数 $N_i(\delta_i)$ | 所需格子数 $N_{i+1}(\delta_{i+1})$ | log $(\delta_i/\delta_{i+1})$ | log $(N_{i+1}/N_i)$ | 分形维数 $D$ | 相关系数 |
|---|---|---|---|---|---|---|---|---|
| I | 21275.07 | 2 | 5319 | 2364 | −0.1761 | −0.3522 | 1.996 | 0.999 |
| | | 4 | 1330 | 852 | −0.0969 | −0.1934 | | |
| | | 6 | 591 | 435 | −0.0669 | −0.1331 | | |
| | | 8 | 333 | 263 | −0.0512 | −0.1025 | | |
| | | 12 | 148 | 126 | −0.0348 | −0.0699 | | |
| | | 16 | 84 | 74 | −0.0263 | −0.0550 | | |
| | | 20 | 54 | 49 | −0.0212 | −0.0422 | | |
| | | 24 | 37 | 35 | −0.0177 | −0.0241 | | |
| | | 28 | 28 | 26 | −0.0152 | −0.0322 | | |
| II | 12950.57 | 2 | 3238 | 1439 | −0.1761 | −0.3522 | 2.012 | 0.998 |
| | | 4 | 810 | 519 | −0.0969 | −0.1933 | | |
| | | 6 | 360 | 265 | −0.0669 | −0.1331 | | |
| | | 8 | 203 | 160 | −0.0512 | −0.1034 | | |
| | | 12 | 90 | 77 | −0.0348 | −0.0678 | | |
| | | 16 | 51 | 45 | −0.0263 | −0.0544 | | |
| | | 20 | 33 | 30 | −0.0212 | −0.0414 | | |
| | | 24 | 23 | 21 | −0.0177 | −0.0395 | | |
| | | 28 | 17 | 16 | −0.0152 | −0.0263 | | |

续表 6-4

| 裂纹群 | 表面积 /mm² | 格子边长 δ/mm | 所需格子数 $N_i(\delta_i)$ | 所需格子数 $N_{i+1}(\delta_{i+1})$ | log $(\delta_i/\delta_{i+1})$ | log $(N_{i+1}/N_i)$ | 分形维数 $D$ | 相关系数 |
|---|---|---|---|---|---|---|---|---|
| Ⅲ | 4053.59 | 2 | 1014 | 451 | −0.1761 | −0.3519 | 1.889 | 0.981 |
| | | 4 | 254 | 163 | −0.0969 | −0.1926 | | |
| | | 6 | 113 | 83 | −0.0669 | −0.1340 | | |
| | | 8 | 64 | 51 | −0.0512 | −0.0986 | | |
| | | 12 | 29 | 24 | −0.0348 | −0.0822 | | |
| | | 16 | 16 | 15 | −0.0263 | −0.0280 | | |
| | | 20 | 11 | 10 | −0.0212 | −0.0414 | | |
| | | 24 | 8 | 7 | −0.0177 | −0.0580 | | |
| | | 28 | 6 | 5 | −0.0152 | −0.0792 | | |
| 试件整体 | 38379.53 | 2 | 9595 | 4265 | −0.1761 | −0.3521 | 2.017 | 0.999 |
| | | 4 | 2399 | 1536 | −0.0969 | −0.1936 | | |
| | | 6 | 1067 | 784 | −0.0669 | −0.1338 | | |
| | | 8 | 600 | 474 | −0.0512 | −0.1024 | | |
| | | 12 | 267 | 228 | −0.0348 | −0.0686 | | |
| | | 16 | 150 | 133 | −0.0263 | −0.0522 | | |
| | | 20 | 96 | 88 | −0.0212 | −0.0378 | | |
| | | 24 | 67 | 62 | −0.0177 | −0.0337 | | |
| | | 28 | 49 | 46 | −0.0152 | −0.0274 | | |

表 6-5  4#试件各裂纹群分形维数相关数据统计结果

| 裂纹群 | 表面积 /mm² | 格子边长 δ/mm | 所需格子数 $N_i(\delta_i)$ | 所需格子数 $N_{i+1}(\delta_{i+1})$ | log $(\delta_i/\delta_{i+1})$ | log $(N_{i+1}/N_i)$ | 分形维数 $D$ | 相关系数 |
|---|---|---|---|---|---|---|---|---|
| Ⅰ | 17522.78 | 2 | 4381 | 1947 | −0.1761 | −0.3522 | 1.996 | 0.999 |
| | | 4 | 1096 | 701 | −0.0969 | −0.1941 | | |
| | | 6 | 487 | 358 | −0.0669 | −0.1336 | | |
| | | 8 | 274 | 217 | −0.0512 | −0.1013 | | |
| | | 12 | 122 | 104 | −0.0348 | −0.0693 | | |
| | | 16 | 69 | 61 | −0.0263 | −0.0535 | | |
| | | 20 | 44 | 40 | −0.0212 | −0.0414 | | |
| | | 24 | 31 | 29 | −0.0177 | −0.0290 | | |
| | | 28 | 23 | 21 | −0.0152 | −0.0395 | | |

**续表 6-5**

| 裂纹群 | 表面积 /mm² | 格子边长 $\delta$/mm | 所需格子数 $N_i(\delta_i)$ | 所需格子数 $N_{i+1}(\delta_{i+1})$ | log $(\delta_i/\delta_{i+1})$ | log $(N_{i+1}/N_i)$ | 分形维数 $D$ | 相关系数 |
|---|---|---|---|---|---|---|---|---|
| Ⅱ | 9835.09 | 2 | 2459 | 1093 | -0.1761 | -0.3521 | 1.983 | 0.998 |
| | | 4 | 615 | 394 | -0.0969 | -0.1934 | | |
| | | 6 | 274 | 201 | -0.0669 | -0.1346 | | |
| | | 8 | 154 | 122 | -0.0512 | -0.1012 | | |
| | | 12 | 69 | 59 | -0.0348 | -0.0680 | | |
| | | 16 | 39 | 35 | -0.0263 | -0.0470 | | |
| | | 20 | 25 | 23 | -0.0212 | -0.0362 | | |
| | | 24 | 18 | 16 | -0.0177 | -0.0512 | | |
| | | 28 | 13 | 12 | -0.0152 | -0.0348 | | |
| Ⅲ | 20737.66 | 2 | 5185 | 2305 | -0.1761 | -0.3521 | 1.997 | 0.999 |
| | | 4 | 1297 | 830 | -0.0969 | -0.1939 | | |
| | | 6 | 577 | 424 | -0.0669 | -0.1338 | | |
| | | 8 | 325 | 257 | -0.0512 | -0.1020 | | |
| | | 12 | 145 | 123 | -0.0348 | -0.0715 | | |
| | | 16 | 82 | 72 | -0.0263 | -0.0565 | | |
| | | 20 | 52 | 48 | -0.0212 | -0.0348 | | |
| | | 24 | 37 | 34 | -0.0177 | -0.0367 | | |
| | | 28 | 27 | 25 | -0.0152 | -0.0334 | | |
| Ⅳ | 5879.35 | 2 | 1470 | 654 | -0.1761 | -0.3517 | 1.974 | 0.994 |
| | | 4 | 368 | 236 | -0.0969 | -0.1929 | | |
| | | 6 | 164 | 120 | -0.0669 | -0.1357 | | |
| | | 8 | 92 | 73 | -0.0512 | -0.1005 | | |
| | | 12 | 41 | 35 | -0.0348 | -0.0687 | | |
| | | 16 | 23 | 21 | -0.0263 | -0.0395 | | |
| | | 20 | 15 | 14 | -0.0212 | -0.0300 | | |
| | | 24 | 11 | 10 | -0.0177 | -0.0414 | | |
| | | 28 | 8 | 7 | -0.0152 | -0.0580 | | |
| 试件整体 | 54666.93 | 2 | 13667 | 6075 | -0.1761 | -0.3521 | 2.013 | 0.999 |
| | | 4 | 3417 | 2187 | -0.0969 | -0.1938 | | |
| | | 6 | 1519 | 1116 | -0.0669 | -0.1339 | | |

续表 6-5

| 裂纹群 | 表面积 /mm² | 格子边长 δ/mm | 所需格子数 $N_i(\delta_i)$ | 所需格子数 $N_{i+1}(\delta_{i+1})$ | log $(\delta_i/\delta_{i+1})$ | log $(N_{i+1}/N_i)$ | 分形维数 D | 相关系数 |
|---|---|---|---|---|---|---|---|---|
| 试件整体 | 54666.93 | 8 | 855 | 675 | −0.0512 | −0.1027 | 2.013 | 0.999 |
|  |  | 12 | 380 | 324 | −0.0348 | −0.0692 |  |  |
|  |  | 16 | 214 | 190 | −0.0263 | −0.0517 |  |  |
|  |  | 20 | 137 | 124 | −0.0212 | −0.0433 |  |  |
|  |  | 24 | 95 | 88 | −0.0177 | −0.0332 |  |  |
|  |  | 28 | 70 | 66 | −0.0152 | −0.0256 |  |  |

表 6-6　5#试件各裂纹群分形维数相关数据统计结果

| 裂纹群 | 表面积 /mm² | 格子边长 δ/mm | 所需格子数 $N_i(\delta_i)$ | 所需格子数 $N_{i+1}(\delta_{i+1})$ | log $(\delta_i/\delta_{i+1})$ | log $(N_{i+1}/N_i)$ | 分形维数 D | 相关系数 |
|---|---|---|---|---|---|---|---|---|
| Ⅰ | 43177.7 | 2 | 10795 | 4798 | −0.1761 | −0.3522 | 1.997 | 0.999 |
|  |  | 4 | 2699 | 1728 | −0.0969 | −0.1937 |  |  |
|  |  | 6 | 1200 | 882 | −0.0669 | −0.1337 |  |  |
|  |  | 8 | 675 | 534 | −0.0512 | −0.1018 |  |  |
|  |  | 12 | 300 | 256 | −0.0348 | −0.0689 |  |  |
|  |  | 16 | 169 | 150 | −0.0263 | −0.0518 |  |  |
|  |  | 20 | 108 | 98 | −0.0212 | −0.0422 |  |  |
|  |  | 24 | 75 | 69 | −0.0177 | −0.0362 |  |  |
|  |  | 28 | 56 | 52 | −0.0152 | −0.0322 |  |  |
| Ⅱ | 13413.4 | 2 | 3354 | 1491 | −0.1761 | −0.3521 | 1.96 | 0.998 |
|  |  | 4 | 839 | 537 | −0.0969 | −0.1938 |  |  |
|  |  | 6 | 373 | 274 | −0.0669 | −0.1340 |  |  |
|  |  | 8 | 210 | 166 | −0.0512 | −0.1021 |  |  |
|  |  | 12 | 94 | 80 | −0.0348 | −0.0700 |  |  |
|  |  | 16 | 53 | 47 | −0.0263 | −0.0522 |  |  |
|  |  | 20 | 34 | 31 | −0.0212 | −0.0401 |  |  |
|  |  | 24 | 24 | 22 | −0.0177 | −0.0378 |  |  |
|  |  | 28 | 18 | 16 | −0.0152 | −0.0512 |  |  |
| Ⅲ | 19211.05 | 2 | 4803 | 2135 | −0.1761 | −0.3521 | 1.97 | 0.999 |
|  |  | 4 | 1201 | 769 | −0.0969 | −0.1936 |  |  |
|  |  | 6 | 534 | 393 | −0.0669 | −0.1331 |  |  |

**续表 6-6**

| 裂纹群 | 表面积 /mm² | 格子边长 $\delta$/mm | 所需格子数 $N_i(\delta_i)$ | 所需格子数 $N_{i+1}(\delta_{i+1})$ | log ($\delta_i/\delta_{i+1}$) | log ($N_{i+1}/N_i$) | 分形维数 $D$ | 相关系数 |
|---|---|---|---|---|---|---|---|---|
| Ⅲ | 19211.05 | 8 | 301 | 238 | −0.0512 | −0.1020 | 1.97 | 0.999 |
| | | 12 | 134 | 114 | −0.0348 | −0.0702 | | |
| | | 16 | 76 | 67 | −0.0263 | −0.0547 | | |
| | | 20 | 49 | 44 | −0.0212 | −0.0467 | | |
| | | 24 | 34 | 31 | −0.0177 | −0.0401 | | |
| | | 28 | 25 | 23 | −0.0152 | −0.0362 | | |
| Ⅳ | 3790.35 | 2 | 948 | 423 | −0.1761 | −0.3505 | 2.133 | 0.992 |
| | | 4 | 237 | 152 | −0.0969 | −0.1929 | | |
| | | 6 | 106 | 78 | −0.0669 | −0.1332 | | |
| | | 8 | 60 | 47 | −0.0512 | −0.1061 | | |
| | | 12 | 27 | 23 | −0.0348 | −0.0696 | | |
| | | 16 | 15 | 14 | −0.0263 | −0.0300 | | |
| | | 20 | 10 | 9 | −0.0212 | −0.0458 | | |
| | | 24 | 7 | 7 | −0.0177 | 0.0000 | | |
| | | 28 | 5 | 5 | −0.0152 | 0.0000 | | |
| Ⅴ | 8470.33 | 2 | 2118 | 942 | −0.1761 | −0.3519 | 2.071 | 0.996 |
| | | 4 | 530 | 339 | −0.0969 | −0.1941 | | |
| | | 6 | 236 | 173 | −0.0669 | −0.1349 | | |
| | | 8 | 133 | 105 | −0.0512 | −0.1027 | | |
| | | 12 | 59 | 51 | −0.0348 | −0.0633 | | |
| | | 16 | 34 | 30 | −0.0263 | −0.0544 | | |
| | | 20 | 22 | 20 | −0.0212 | −0.0414 | | |
| | | 24 | 15 | 14 | −0.0177 | −0.0300 | | |
| | | 28 | 11 | 11 | −0.0152 | 0.0000 | | |
| 试件整体 | 88070.27 | 2 | 22018 | 9786 | −0.1761 | −0.3522 | 1.995 | 0.999 |
| | | 4 | 5505 | 3523 | −0.0969 | −0.1938 | | |
| | | 6 | 2447 | 1798 | −0.0669 | −0.1338 | | |
| | | 8 | 1377 | 1088 | −0.0512 | −0.1023 | | |
| | | 12 | 612 | 522 | −0.0348 | −0.0691 | | |
| | | 16 | 345 | 305 | −0.0263 | −0.0535 | | |

续表6-6

| 裂纹群 | 表面积 /mm² | 格子边长 $\delta$/mm | 所需格子数 $N_i(\delta_i)$ | 所需格子数 $N_{i+1}(\delta_{i+1})$ | log $(\delta_i/\delta_{i+1})$ | log $(N_{i+1}/N_i)$ | 分形维数 $D$ | 相关系数 |
|---|---|---|---|---|---|---|---|---|
| 试件整体 | 88070.27 | 20 | 221 | 200 | −0.0212 | −0.0434 | 1.995 | 0.999 |
| | | 24 | 153 | 141 | −0.0177 | −0.0355 | | |
| | | 28 | 113 | 105 | −0.0152 | −0.0319 | | |

综合分析以上图6-20和表6-4~表6-6各试件不同裂纹群以及试件裂纹整体的分形维数可以发现,3#试件所有的分形维数均维持在1.889~2.017之间,平均值为1.979,其中分形维数最小值是裂纹Ⅲ为1.889,也是所有试件中裂纹群分形维数值中最小的,从三维重建结果中也可以发现裂纹Ⅲ[图6-15(e)]是网络结构简单、裂纹面平整的片状裂纹群,可见分形维数数值计算结果与重建三维裂纹呈现的分形特征基本一致;4#试件各分形维数数值处于1.974~2.013之间,平均值为1.993,相较于3#试件分形维数的浮动范围更小,即4#试件内部各裂纹群的曲折程度相差较小,分形维数数值最小的为裂纹Ⅳ,图6-16(f)中的裂纹Ⅳ同样是裂纹面较为平整的小面积未贯通裂纹,无交叉、分叉现象;5#试件各分形维数均维持在1.96~2.133之间,平均值为2.012,相较于3#试件分形维数的分布范围更大,说明5#试件内部各裂纹群的曲折程度相差也比较大,其中分形维数最大值是裂纹Ⅲ为2.133,图6-17(e)中的裂纹Ⅲ虽然表面看起来较为平整,但各微小裂纹联结处存在非常多的孔隙,所以分形维数最大。

通过以上分形维数计算结果可以发现,所有试件内部裂纹的分形维数数值均处于1~3之间,并于2左右浮动,说明各裂纹群以及试件裂纹整体均具有很好的分形特征,煤岩内部裂纹发育状态良好,可以为煤层气提供很好的疏通运移条件;另外从3#试件、4#试件到5#试件,加载的静水压保持不变,随着电压的不断升高,煤岩体内部裂纹的平均分形维数数值也越来越大,说明电压的变化在一定程度上影响了内部裂纹面的弯曲曲折程度。

 **本章小结**

本章利用CT扫描结果和PCAS软件对高压电脉冲水力压裂煤岩体压裂结果和效果进行了二维定量分析,并通过三维重建技术对经过相同静水压、不同电压条件下煤岩体试块内部产生的裂纹进行了三维重建,同时,对各试件三维空间上的裂纹分布形态做出了定性描述以及有关损伤因子、裂隙率及分形维数的定量分析。主要结论如下:

(1)对比未受到扰动的、受到单独的3 MPa水压的和在3 MPa的水压中进行脉冲高压放电的煤岩样,其裂隙的平均宽度和总长度分别有6倍和15倍的增加,裂隙平均节点数目和总条数出现了8倍和10倍的提高,裂隙率更是升高了34倍,特别是在3 MPa的水压中进行脉冲高压放电的煤岩样相比单独的3 MPa水压,增加最为剧烈。说明在高压电脉冲水力压裂下煤岩样内部裂隙的开裂和贯通程度都更为充分。

（2）对比未受到扰动的、受到单独的 3 MPa 水压的和在 3 MPa 的水压中进行脉冲高压放电的煤岩样，分形维数的数值最高出现了 2 倍的提高，裂隙分布初值的对数最高出现了 5 倍的提高，且同几何形态参数数值的增大相似，在 3 MPa 的水压中进行脉冲高压放电的煤岩样相比单独的 3 MPa 水压，增加显著。说明在高压电脉冲水力压裂下煤样内部裂隙的开裂延展更加复杂，且长度较大的裂隙所占比重更大。

（3）对比未受到扰动的、受到单独的 3 MPa 水压的和在 3 MPa 的水压中进行脉冲高压放电的煤岩样，裂隙的宽度分布范围呈现逐渐增加的现象。说明在高压电脉冲水力压裂下煤岩样内部裂隙宽度更宽，分布范围更广。

（4）利用三维重建技术将 CT 扫描图片重新构建为煤岩芯试件基体和裂纹结构，发现原煤样内部分布有少量天然裂纹，水中脉冲放电压裂后裂纹大多是无数微小裂纹联结而成的片状结构，这些片状裂纹交叉、分叉纵横交错形成复杂的裂纹空间网络，可以为煤层气提供了良好的运移通道。通过对各个煤岩芯试件内部裂纹结构进行分区并逐一研究发现，3#试件、4#试件、5#试件各存在 3 条、4 条、5 条主裂纹（群），分布区域变广、形态各不相同，可见随电压升高裂纹条数及分布区域也逐渐变多、变大。

（5）煤岩芯裂纹由上及下的贯通情况不同，有的裂纹完全贯通，有的裂纹部分贯通，还有的裂纹从上到下逐渐消失，中上部存在的裂纹多于下部存在的裂纹，这是由于水中高压电脉冲产生的冲击波在煤岩芯试件由上至下传播的过程中产生了损耗，能量逐渐降低，导致裂纹在由上至下贯通的过程中发生变化。

（6）将煤岩试件进行不同条件的水中高压电脉冲加载试验发现，若保持 3 MPa 静水压不变，随着放电电压的不断升高（9 kV、11 kV、13 kV），煤岩芯试件内部的裂纹表面积、体积、复杂程度、损伤因子均呈稳定增长的趋势。其中电压由 11 kV 变为 13 kV 时，相应参数的增长尤为显著，较之由 9 kV 变为 11 kV，面积损伤因子提高了 2 倍，体积损伤因子提高了 10 倍，说明 3 MPa 水压、13 kV 电压的荷载具有很好的致裂效果。

（7）裂纹起裂方式、分布区域、统计角度数量、裂隙率与角度有密切关系，随着放电电压的增大，裂纹分布的统计角度数量先减小后增大，裂纹平均裂隙率变化幅度较小，最大裂隙率先减小后增大，煤岩体裂纹首先由对称的两个角度集中起裂，逐渐向少量角度集中分布的方向上发展，最后呈 360°环向发散状分布，最后能形成多角度的裂纹网络，利于煤层气的渗透和流通。

（8）3#试件的分形维数值范围为 1.889～2.017，平均值为 1.979，4#试件分形维数值范围为 1.974～2.013，平均值为 1.993，5#试件分形维数值范围为 1.96～2.133，平均值为 2.012，各试件内部裂纹群均具有很好的分形特征，裂纹发育状态良好，可以为煤层气提供很好的疏通运移条件；随着电压的不断升高，分形维数平均值也越来越大，电压影响了内部裂纹面的弯曲曲折程度。

# 第7章

# 高压电脉冲水力压裂煤岩体单一裂纹二维演化特征

由于液相放电致裂岩体是一个涉及应力波传播、岩体变形、裂缝演化、缝中流体流动、岩石基质渗流等多场耦合的复杂力学问题,即使利用各种简化假设,理论研究也非常困难。室内试验研究受限于试验手段、尺度效应等问题,有时难以真实反映地层的复杂受力环境,因而存在一定的局限性。此外,物理实验不仅成本高昂,而且捕获的信息相对有限,本章将基于 ABAQUS 软件,利用扩展有限元法(XFEM)进行钻孔水中高压电脉冲致裂岩体模拟,进一步研究岩体断裂类型,复杂地应力分布、预设裂纹分布、压裂液黏度等对单条裂缝起裂压力、扩展长度、扩展宽度和面积的影响规律。

## 7.1 扩展有限元(XFEM)数值计算原理

### 7.1.1 XFEM 简介

XFEM 基于单位分割概念[223],将形函数基引入有限元的位移插值函数中,使有限元的形函数脱离了多项式限制,从而使局部解形式来代表形函数,实现了将局部扩展功能纳入到有限元近似的目的,分离了裂纹的计算网格与几何模型,使裂缝扩展网格与结构内部的几何或物理界面无关,无需在高应力和变形集中区进行高密度网格重划分,是一种位移不连续法[224,225],可以进行任意路径的裂缝演化。不连续性的存在是通过引入节点扩展函数与额外自由度来保证的。

扩展函数包含体现裂纹尖端周围奇异性的奇点近尖端渐进函数,以及一个表现为跨越裂纹面位移中的阶跃不连续函数,如图 7-1 所示。

图 7-1 内,存在一点。假设在任意域中有一个不连续的点,该点被分解成 $n$ 个节点的有限元。则模型内任意一点的位移插值形式可表示成有限元和 XFEM 的增强位移之和:

$$u(x) = \sum_{j=1}^{n} N_j(x) u_j + \sum_{h=1}^{mh} N_h(x) H(x) a_h + \sum_{k=1}^{mt} N_k(x) \sum_{i=1}^{4} F_i(x) b_k^i \quad (7-1)$$

式中:$n$——常规有限元节点数目;

$mh$——裂纹两侧增强节点数;

$mt$——裂尖的增强节点数;

$u_j$——常规有限元节点的自由度向量;

$a_h$——裂纹面两侧增强节点的自由度向量;

$b_k^i$——裂纹尖端增强节点自由度向量;

$N_j$、$N_h$、$N_k$——分别为节点 j、h、k 的形函数;

$H_{(x)}$——点 $x$ 处的 Heaviside 函数值;

$F_{i(x)}$——裂尖增强函数在点 $x$ 处的值。

图 7-2 表示跨越裂纹面的不连续 Heaviside 阶跃增强函数 $H(x)$:

$$H(x) = \text{sign}(x) = \begin{cases} 1 & \text{如果}(x - x^*) \cdot n \geq 0 \\ -1 & \text{其他} \end{cases} \tag{7-2}$$

式中:$x$——个采样(高斯)点;

$x^*$——最靠近点 $x$ 的裂纹上的点;

$x-x^*$——垂直于裂纹的向量单位。

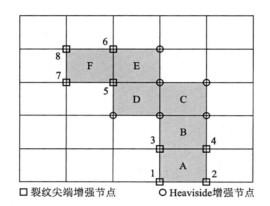

图 7-1　扩展有限元节点增强示意图

□ 裂纹尖端增强节点　　○ Heaviside增强节点

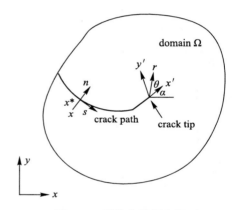

图 7-2　裂纹尖端极坐标

图 7-2 也显示了一个四节点四边形单元被裂纹完全贯穿后,渐进裂纹尖端位移场在极坐标系 $(r,\theta)$ 中的定义,用以下基函数 $F_i(x)$ 表示为

$$F_i(x) = \left\{ F_i(r,\theta) \right\}_{i=1}^4 = \left\{ \sqrt{r}\sin\frac{\theta}{2}, \sqrt{r}\cos\frac{\theta}{2}, \sqrt{r}\sin\theta\sin\frac{\theta}{2}, \sqrt{r}\sin\theta\cos\frac{\theta}{2} \right\} \tag{7-3}$$

$$\begin{cases} r = \sqrt{(x - x_{\text{tip}})^2 + (y - y_{\text{tip}})^2} \\ \theta = \tan^{-1}\left(\dfrac{y - y_{\text{tip}}}{x - x_{\text{tip}}}\right) - \gamma \end{cases} \tag{7-4}$$

式中:$r$——极径;

$\theta$——极角;

$\gamma$——裂纹尖端整体坐标系与局部坐标系的夹角。

模拟裂纹演化,需要满足起裂条件与损伤扩展条件。裂纹起裂准则有六种[226]:最大主应力准则、最大主应变准则、最大法向应力准则、最大法向应变准则、二次牵引-相互作用准则、二次分离-相互作用准则。考虑水楔致裂作用造成岩体的拉伸破坏,以及最大主应力准则稳定性好和易收敛的优点,本次模拟选取该准则判别裂纹是否起裂,其表达式为

$$f = \left\{ \frac{\langle \sigma_{\max} \rangle}{\sigma_{\max}^0} \right\} \tag{7-5}$$

$$1.0 \leqslant f \leqslant 1.0 + f_{\text{tol}} \tag{7-6}$$

式中:$\sigma_{\max}^0$——岩体的最大可允许的主应力,当 $\sigma_{\max} < 0$ 时,$\langle \sigma_{\max} \rangle = 0$;当 $\sigma_{\max} \geqslant 0$ 时,$\langle \sigma_{\max} \rangle = \sigma_{\max}$。"$\langle \rangle$"表明裂纹面在压应力状态下,不会发生初始化损伤,只有 $f$ 达到1时,损伤才会开始,$f$ 的取值范围消减时间增量,满足了裂纹的初始准则,$f_{\text{tol}}$ 为指定容差,默认值 0.05。

损伤扩展的判定采用一个标量损伤变量 $D$,表示裂纹面与开裂单元的边缘相交处的损伤平均,最初 $D$ 为零,裂纹在受载起裂后的加载扩展过程中,$D$ 从 0 演化为 1。

$$t_n = \begin{cases} (1-D)T_n & T_n \geqslant 0 \\ T_n & \text{否则(对于压缩刚度无损伤)} \end{cases} \tag{7-7}$$

$$t_s = (1-D)T_s$$

$$t_t = (1-D)T_t$$

式中:$T_n$、$T_s$、$T_t$——未损伤时的弹性牵引分离行为所预测的法向应力分量、第一与第二切向应力分量。

裂纹的损伤扩展需用跨越界面的法向与剪切分离的组合来描述,一个有效的分离定义为

$$\delta_m = \sqrt{\langle \delta_n \rangle^2 + \delta_s^2 + \delta_t^2} \tag{7-8}$$

### 7.1.2　水中冲击波破岩控制方程

水中放电的电水锤效应类似于炸药爆炸,类比炸药爆炸岩石,液相放电致裂岩体理论主要包含两部分内容:一是水中放电产生脉动冲击波,作用于岩体,使其受到动能冲量而发生破坏;二是传递波形的准静态水压作用。水中放电冲致裂岩体时,首先,脉动冲击波造成岩体裂纹的形成,随后水体楔入裂纹,在水体的准静态压力作用下使裂纹保持张开状态,甚至进一步扩展。

(1)动量守恒方程　假定岩体为理想弹性物质,在电水锤的脉动冲击波作用下,岩体应满足运动定律(动量守恒方程)

$$G u_{1i,jj} + \frac{G}{1-2\nu} u_{1i,ji} + F_{1i} = \rho_s \frac{\partial^2 u_{1i}}{\partial t^2} \tag{7-9}$$

式中:$G$——切变模量,Pa;

　　　$\nu$——泊松比;

　　　$u_{i1}$——位移($i = x, y, z$),m;

　　　$t$——时间,s;

　　　$F_{1i}$——$i$ 方向的体力分量,N/m³;

$\rho_s$——岩体的密度,kg/m³。

（2）静力平衡方程　假定岩体为理想的线弹性物质,满足广义胡克定律,考虑水压的有效应力原理,得到由固体位移与水压表示的静力平衡方程

$$Gu_{2i,jj} + \frac{G}{1-2\nu}u_{2j,ji} - BP_w + F_{2i} = 0 \qquad (7-10)$$

式中:$u_{i2}$——位移$(i=x,y,z)$,m;

$\quad\quad F_{2i}$——$i$方向体力分量,N/m³;

$\quad\quad P_w$——水体压力,Pa;

$\quad\quad B$——孔隙弹性系数(Biot系数),$B<1$。

（3）由于煤岩体为多孔、多裂纹的软弱沉积岩,由其他学者[227-229]关于煤岩水渗流特性的研究结果,可得

$$B\frac{\partial \varepsilon_v}{\partial t} + \left(\frac{\theta}{\beta_1} + \frac{1-\theta}{K_s}\right)\frac{\partial P_w}{\partial t} = \nabla\left(\frac{k}{\mu}\nabla P_w\right) \qquad (7-11)$$

式中:$\varepsilon_v$——体积应变;

$\quad\quad \theta$——孔隙率;

$\quad\quad \beta_1$——水的体积模量,Pa;

$\quad\quad K_s$——固体颗粒的有效体积模量,Pa;

$\quad\quad k$——岩体渗透率;

$\quad\quad \mu$——液体的动力黏性系数,Pa·s。

## 7.2　建立数值模型

### 7.2.1　模型构建

（1）基本假设

1）岩体为各向同性的均匀介质,为多孔弹性材料,不考虑电水锤热效应及页岩气压力对致裂效果的影响。

2）钻孔液体为不可压缩的牛顿流体,忽略其对煤岩体的应变软化效应。

3）不考虑惯性力对裂纹扩展的影响效应。

（2）模型尺寸、单元网格划分　采用 ABAQUS 2018 建立二维水力压裂数值模拟,模型尺寸参照实验试件的尺寸,为 300 mm×300 mm,模型中心设置一个 φ26 mm 的圆形钻孔,钻孔周边预设一条长度为 12 mm 的线裂纹,预设裂纹角度 α(预设裂纹与最大地应力 $\sigma_1$ 的夹角)顺时针依次取 0°、15°、30°、45°、60°、75°、90°。模型边界模拟远场地层应力,上下边界和左右边界分别施加地应力 $\sigma_1$、$\sigma_3$,垂直截面方向施加应力为 $\sigma_2$,计算模型如图 7-3 所示。考虑煤岩体的多孔渗流特性,单元类型选取平面应力渗流单元(CPE4P),网格尺寸为 3 mm,钻孔边缘曲率设定为 0.01,模型单元格个数为 16226。

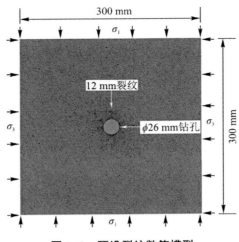

图 7-3　预设裂纹数值模型

（3）参数设定　见表 7-1。

表 7-1　岩体模型物理力学参数

| 参数 | 数值 | 含义 |
|---|---|---|
| $\mu/(\mathrm{mPa \cdot s})$ | 1 | 压裂液黏度 |
| $C/[\mathrm{m}/(\mathrm{Pa \cdot s})]$ | $1 \times 10^{-14}$ | 滤失系数 |
| $k/(\mathrm{m/s})$ | $1 \times 10^{-7}$ | 渗透系数 |
| $\rho/(\mathrm{kg \cdot m^{-3}})$ | 1000 | 水流密度 |
| $\sigma_1/\mathrm{MPa}$ | 5 | 最大主应力 |
| $\sigma_2/\mathrm{MPa}$ | 4 | 中间主应力 |
| $\sigma_3/\mathrm{MPa}$ | 4 | 最小主应力 |

利用表 7-1 和表 4-2 煤岩样物理力学参数进行数值模拟参数设定。

（4）边界条件设置

1）位移边界：模型边界位移为零，设定垂直 $\sigma_3$ 方向的两边界 $U_x = 0$，垂直 $\sigma_1$ 方向的两边界 $U_y = 0$。

2）孔压边界：模型边界的孔隙压力为零。

### 7.2.2　模型加载

由第 4 章第 4.3 节水中脉动压力波特性分析及试验，测得 3 MPa 水压、3 kV 高压放电条件下，脉冲水激波在裂缝尖端会产生 28.597 MPa 的峰值应力；5 kV 高压放电后，脉冲水激波在裂缝尖端会产生 44.5 MPa 的峰值应力。模型加载分为三部分：初始应力场、钻孔水压与水中放电产生的脉动载荷。

初始应力场：在初始分析步内，模拟岩体所在地层的原岩应力和岩体孔隙比为模型的初始应力场条件，原岩应力采用三向加载方式（$\sigma_1$、$\sigma_2$、$\sigma_3$）。

　　钻孔水压:在地应力平衡分析步中设置,钻孔水压为3 MPa,考虑水的渗透性,设定孔壁孔隙压力恒为3 MPa,代替实际钻孔恒定水压。

　　水中脉动载荷:岩体渗流分析步中进行,水下爆炸流体-结构耦合采用声-结构耦合法,该方法将冲击波-结构和气泡-结构的耦合理论统一使用声-结构耦合理论处理,脉冲的压力时程可以施加在任一单元类型上,如声学、结构或者实体单元,本次将脉动压力施加在孔钻壁结构上,采用ABAQUS内置的衰减型幅值曲线,设定如公式(7-12)和图7-4所示。

$$\begin{cases} a' = A_0 + A\exp\left[ -(t - t_0)/t_d \right] & t \geqslant t_0 \\ a' = A_0 & t \leqslant t_0 \end{cases} \tag{7-12}$$

式中:$A_0$——初始幅值,在图7-4中为0;

　　$A$——最大幅值,为1;

　　$t_0$——峰值点对应时刻;

　　$t_d$——衰减时间常数,指$a'$从$A$降到$A/3$时所历时长。

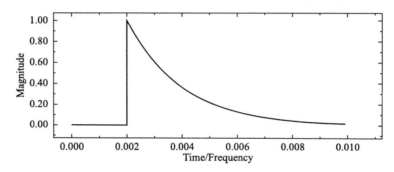

图7-4　脉动冲击波加载的幅值曲线

3 kV、3 MPa水中放电加载情况如图7-5所示,5 kV、3 MPa水中放电情况类似。

（a）脉冲激波峰值压力

（b）荷载幅值曲线设定

图7-5　3 kV、3 MPa水中放电加载设定

## 7.3　裂纹演化类型分析

### 7.3.1　理论计算分析

运用复合裂纹断裂机理,对煤岩体细观裂纹起裂情况进行分析,远场地应力 $\sigma_1$ 为 5 MPa,$\sigma_2$ 和 $\sigma_3$ 为 4 MPa,由公式(3-38)可得岩体 I 型断裂韧度为 0.52318 MPa $\sqrt{m}$,由公式(3-44)可得压剪参数 $\lambda$ 为 4.04658,II 型断裂韧度为 2.11709 MPa $\sqrt{m}$。由于不同角度的裂缝会产生不同的应力强度因子,但因为结构和荷载的对称性,取结构 1/4 部分进行分析,即取裂纹与最大地应力 $\sigma_1$ 的夹角分别为 0°、15°、30°、45°、60°、75°、90°,则应力强度因子随预设单裂纹角度 $\alpha$ 的变化情况如图 7-6 和图 7-7 所示。

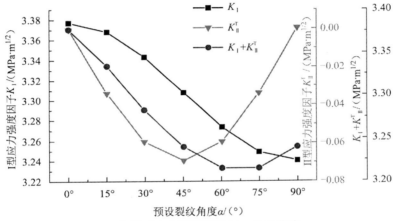

(a)拉剪型应力强度因子与 $\alpha$ 关系曲线

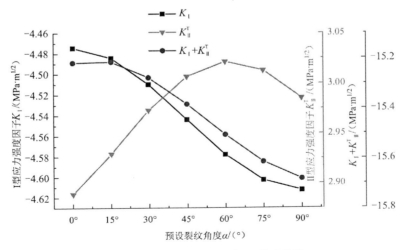

(b)压剪型应力强度因子与 $\alpha$ 关系曲线

**图 7-6　中 3 kV 高压放电岩体裂纹断裂分析**

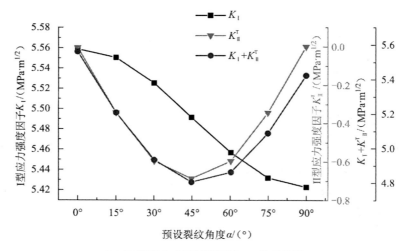

（a）拉剪型应力强度因子与 α 关系曲线

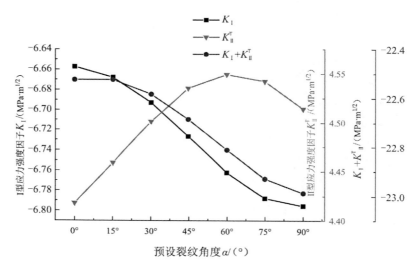

（b）压剪型应力强度因子与 α 关系曲线

**图 7-7　水中 5 kV 高压放电岩体裂纹断裂分析**

由图 7-6(a)、图 7-7(a)可知,在拉剪型裂纹中,随裂纹角度 α 的增大,Ⅰ 型应力强度因子 $K_I$ 近乎线性递减;Ⅱ 型应力强度因子 $K_{II}^T$ 关于 45°轴线对称分布;3 kV 高压放电条件下,总的应力强度因子在 0°~75°内随 α 增大而减小,在 75°~90°内随 α 增大而有所增加,但增加值仅为 0.029 MPa$\sqrt{m}$,5 kV 高压放电条件下,总的应力强度因子在 0°~45°内随 α 增大而减小,在 45°~90°内随 α 增大而有所增加,增加值为 0.617 MPa$\sqrt{m}$。由图 7-6(a)、图 7-7(a)还可知,$K_I$ 的最小值分别为 3.24 MPa$\sqrt{m}$ 和 5.42 MPa$\sqrt{m}$,$K_{II}^T$ 的值都很小,且均为负值,所以对于拉剪型裂纹,不同预设裂纹角度 α 的应力强度因子,均接近于 $K_I$ 值,甚至相等,故此,拉剪型裂纹断裂主要受拉应力作用,剪应力起辅助作用。

由图 7-6(b)、图 7-7(b)可得,在压剪型裂纹中,随裂纹角度 α 的增大,Ⅰ 型应力强

度因子 $K_I$ 也近乎线性递减,但 $K_I$ 的绝对值分别大于 4.475 MPa $\sqrt{m}$ 和 6.64 MPa $\sqrt{m}$;有效剪切应力 $\tau_e$ 产生的 II 型应力强度因子 $K_{II}^S$,在 0°~60°范围内,随角度增加而增加,在 60°~90°范围内,随角度增加而减小;压剪型总的应力强度因子的值随 $\alpha$ 的增大而减小,3 kV 高压放电条件下,其绝对值位于−15.7~−15.2 MPa $\sqrt{m}$ 之间,5 kV 高压放电条件下,其绝对值位于−23~−22.5 MPa $\sqrt{m}$ 之间,均小于 II 型断裂韧度(0.37335 MPa $\sqrt{m}$),所以裂纹无法开裂,也就是说岩体裂纹无法发生压剪型起裂。

综上所述,3 kV 和 5 kV 高压放电条件下,无论拉剪型裂纹,还是压剪型裂纹,其 I 型、II 型和总的应力强度因子的分布规律基本相似,但随着放电电压的升高,其绝对值也随之增大;拉剪型裂纹总的应力强度因子均大于 I 型断裂韧度,故而岩体裂纹起裂;压剪型裂纹总的应力强度因子值,均小于 II 型断裂韧度,故而岩体裂纹不会起裂。因此可知,在 3 MPa 水压条件下,放电 3 kV 和 5 kV 产生的激波脉动水压作用于 12 mm 长的裂纹尖端,裂纹主要是受拉剪作用后起裂、延展。

### 7.3.2　数值计算分析

为进一步研究裂纹的起裂形态和特征,确定裂纹的破坏类型,对 3 MPa 水压条件下、3 kV 高压放电裂纹初始起裂进行了分析,截取 3 kV 高压放电局部放大的裂纹起裂图形,如图 7-8 所示,分析裂纹角度对其起裂延展形态的具体影响,5 kV 高压放电时的裂纹起裂规律与之相似,不再详述,图中数据正值表示为拉应力,负值表示为压应力。

分析图 7-8,由钻孔侧壁预设裂纹尖端发生了彼此错动的相对位移,就可知岩体内裂纹尖端部位也已经发生错动,裂纹起裂。当预设裂纹角度为 0°和 90°时,裂纹面发生相对滑动位移较小,几乎没有发生滑动,从 15°增加到 75°时,裂纹面相对滑动位移量增加。由公式(7-36)和公式(7-37)可知,在地应力作用下,当 $\alpha = 0°$ 和 $\alpha = 90°$ 时,$\tau_\alpha = 0$,剪应力为 0,但此时水激波产生的峰值应力与裂纹面所受应力 $\sigma_\alpha$ 为正值,也就是说裂纹受到拉应力作用,所以裂纹沿拉应力方向张开,此时裂纹为 I 型裂纹;当裂纹角度从 0°增加到 90°的过程中,裂纹所受等效应力均为正值,说明此时裂纹受到了拉应力作用,同时裂纹面发生错动,说明受到了剪应力作用,即裂纹发生了拉剪破坏,此时裂纹应为 I−II 复合型裂纹,裂纹破坏为拉剪复合型破坏。

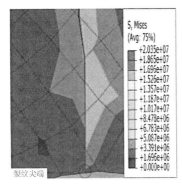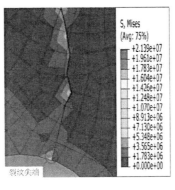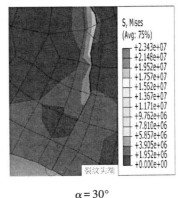

$\alpha = 0°$　　　　　　　　　　$\alpha = 15°$　　　　　　　　　　$\alpha = 30°$

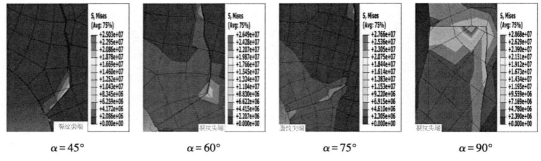

| $\alpha=45°$ | $\alpha=60°$ | $\alpha=75°$ | $\alpha=90°$ |

图 7-8　预设裂纹等效应力与裂纹起裂

综上分析,水中高压脉动冲击压裂作用下,当裂纹角度位于 0°～90° 范围内,裂纹为 Ⅰ-Ⅱ 复合型裂纹,此时裂纹以拉剪复合型模式起裂破坏,随裂纹角度的增加,裂纹起裂错动位移和张开位移增大;当裂纹角为 0° 或 90° 时,裂纹以单纯的张拉型模式起裂破坏,裂纹为 Ⅰ 型裂纹,裂纹起裂错动位移和张开位移较小。

## 7.4　预设裂纹角度的影响

### 7.4.1　对起裂压力的影响

在接触条件下,裂纹选择 XFEM(裂纹扩展有限元)方法,预设裂纹角度 α 依次是 0°、15°、30°、45°、60°、75°、90°。观测预设裂纹扩展情况,发现不同 α 对应的裂纹扩展规律几乎是相同的。进行 5 kV 水中高压脉冲放电时,发现裂纹扩展规律与 3 kV 放电条件类似。通过提取预设裂纹尖端单元破坏时刻的等效应力,发现裂纹的起裂压力受预设裂纹角度和放电电压影响较大,进一步研究发现,不同放电电压情况下,预设裂纹角度对起裂压力的影响规律如图 7-9 所示。

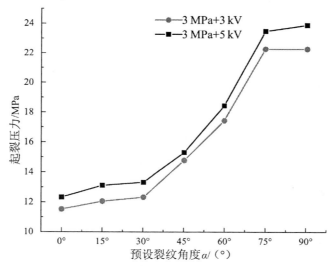

图 7-9　预设裂纹角度对起裂压力的影响

由图 7-9 可知,同一放电条件下,起裂压力随着预设裂纹角度的增大而逐步增加;同一预设裂纹角度下,起裂压力随放电电压增长而变大。3 kV 高压放电条件下,$\alpha$ 为 0° 时,起裂压力为 11.52 MPa,90° 对应起裂压力为 22.31 MPa,增长率为 93.6%。5 kV 高压放电条件下,$\alpha$ 为 0° 时,起裂压力为 12.31 MPa,90° 对应起裂压力为 23.88 MPa,增长率为 94%。

### 7.4.2　裂纹扩展结果分析

为了研究不同预设角度对裂纹形态、几何参数的影响,提取岩体的压裂结果图 7-10、图 7-11,预设裂纹角度 $\alpha$ 依次是 0°、15°、30°、45°、60°、75°、90°,为方便清晰观测裂纹形态,宽度放大 30 倍。

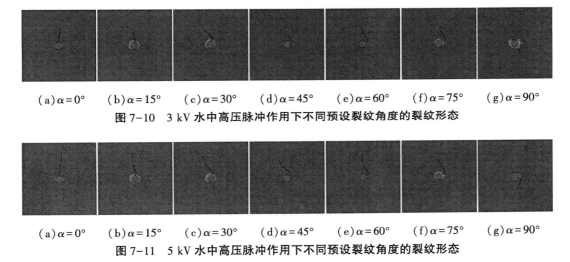

（a）$\alpha=0°$　　（b）$\alpha=15°$　　（c）$\alpha=30°$　　（d）$\alpha=45°$　　（e）$\alpha=60°$　　（f）$\alpha=75°$　　（g）$\alpha=90°$

图 7-10　3 kV 水中高压脉冲作用下不同预设裂纹角度的裂纹形态

（a）$\alpha=0°$　　（b）$\alpha=15°$　　（c）$\alpha=30°$　　（d）$\alpha=45°$　　（e）$\alpha=60°$　　（f）$\alpha=75°$　　（g）$\alpha=90°$

图 7-11　5 kV 水中高压脉冲作用下不同预设裂纹角度的裂纹形态

由图 7-10、图 7-11 分析可得,水中高压放电后,0° 预设裂纹扩展方向始终与预设方向相同,即沿 $\sigma_1$ 方向扩展,扩展轨迹基本为直线,15° 预设裂纹初始经过短暂的曲线扩展后,转向于竖向方向扩展,30°、45°、60°、75° 预设裂纹都经过较长的曲线扩展后,才转为竖向扩展,90° 预设裂纹方向与扩展方向垂直,最终也转为竖向扩展;除 0° 裂纹外,其他所有角度的裂纹扩展并不沿直线延伸,延展轨迹多为曲线型,并且沿曲线延展一定距离后,延展方向转向最大地应力方向,之后以近乎直线的形式沿着最大地应力方向扩展;随着预设裂纹角度的增大,裂纹延展过程中偏离原预设方向的角度越来越大;水中进行 3 kV 和 5 kV 放电后,其裂纹的起裂、延展方向基本相同,但裂纹延伸长度随放电电压升高而增加。这些现象说明不同的角度、不同放电电压对裂纹扩展长度、延展方向都有重要影响。

为了评价裂缝扩展效果,引入裂缝宽度、长度、面积和裂隙率量度指标,裂纹长度和宽度影响其孔隙度和渗透率,裂纹扩展面积是裂纹受到荷载作用后沿一定角度扩展生成的新裂隙的面积,影响压裂液漏失,裂隙率是裂纹扩展面积与总面积之比,反映了岩体的开裂程度和裂纹发育程度。将模型中提取的几何参数整理汇总,效果绘制如图 7-12 所示。

通过图 7-12(a)分析可得,在 3 MPa 水压条件下,进行 3 kV 高压放电,0° 裂纹的扩展长度为 68.31 mm,90°裂纹的扩展长度为 56.02 mm,随着角度的增加,裂纹的扩展长度在减小,减小的幅度为 21.9%;5 kV 高压放电后,0°裂纹的扩展长度为 114.13 mm,90°裂纹的扩展长度为 69.53 mm,裂纹的扩展长度随着角度的增加而减小,减小幅度为 64.1%;同时可得相同角度的裂纹扩展长度随着放电电压的增加而增加。

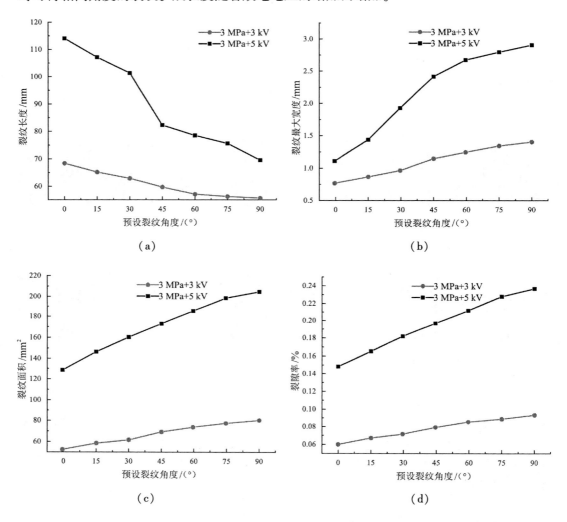

（a）　　　　　　　　　　　　　　　　（b）

（c）　　　　　　　　　　　　　　　　（d）

**图 7-12　预设裂纹角度对裂纹扩展影响分析**

通过图 7-12(b)分析可知,在 3 MPa 水中进行 3 kV 高压放电,0°裂纹的最大扩展宽度为 0.76 mm,90°裂纹的最大扩展宽度为 1.41 mm,随着角度的增加,裂纹的最大扩展宽度变大,变化幅值为 84.2%;进行 5 kV 高压放电,0°裂纹的最大扩展宽度为 1.11 mm,90°裂纹的最大扩展宽度为 2.89 mm,随着角度的增加,裂纹的最大扩展宽度变大,变化幅度为 160.3%;相同角度的裂纹最大扩展宽度随着放电电压的增加而变大。

通过图 7-12(c)分析可知,3 kV 高压放电,0°裂纹的扩展面积为 53.34 mm²,90°裂纹的扩展面积为 80.31 mm²,随着角度的增加,裂纹的扩展面积在增加,增加的幅度为

53.4%；5 kV 高压放电，0° 裂纹的扩展面积为 128.31 mm²，90° 裂纹的扩展面积为 204.97 mm²，随着角度的增加，裂纹的扩展面积也在增加，增加的幅度为 59.7%；同时，相同角度的裂纹扩展面积随着放电电压的增加而变大。

通过图 7-12(d)分析可知，3 kV 高压放电，0° 裂纹扩展的裂隙率为 0.06%，90° 裂纹扩展的裂隙率为 0.09%，随着角度的增加，裂纹扩展的裂隙率增加明显，增加的幅值为 55%；5 kV 高压放电，0° 裂纹扩展的裂隙率为 0.15%，90° 裂纹扩展的裂隙率为 0.24%，随着角度的增加，裂纹扩展的裂隙率也在增加，增加的幅度为 60.1%；同时可得相同角度裂纹扩展的裂隙率随着放电电压的增加而变大。

所以，在相同放电电压条件下，除 0° 裂纹外，其他裂纹的延伸扩展方向经曲线发展后，迅速向最大主应力方向发展，最后基本与最大主应力方向相同，说明裂纹扩展轨迹受最大压应力 $\sigma_1$ 影响；随着裂纹预设角度的增加，裂纹扩展长度减小，裂纹最大宽度增加，致裂面积增加，裂隙率增长。在相同预设裂纹角度情况下，随着放电电压的升高，激波脉冲水压力变大，裂纹延展长度、裂纹最大扩展宽度、裂纹面积和裂隙率都在增加。以上分析表明，岩体中的裂纹扩展和延伸不但与裂纹的角度、水激波的峰值压力有关，而且与最大主应力方向有关，这与前面本章 7.3 裂纹破坏类型的理论分析非常吻合。

## 7.5　地应力变化的影响

### 7.5.1　参数设置

由于煤层气储层的地质条件复杂，上覆岩层厚度、重度及侧压力系数的变化影响着地应力值的大小，地应力值变化对裂纹扩展的效果起着重要作用。限于室内实验条件，在其基础上，采用 ABAQUS 平台中的 XFEM 方法进行不同地应力，相同预设单裂纹角度 (0°)、相同放电条件(3 kV)及相同钻孔水压 3 MPa 下的数值模拟，观测地应力对裂纹致裂效果的影响。不进行 5 kV 放电模拟，是由于在本章第 7.3 节裂纹预设角度对裂纹致裂效果的影响分析中，发现放电电压的升高对裂纹演化形态的影响不明显，只是使得致裂效果变好。模型参数设定如表 7-2 所示。

表 7-2　地应力组数

| 组数 | 预设裂纹角度 /(°) | 水压 /MPa | 放电电压 /kV | 地应力/MPa | | |
|---|---|---|---|---|---|---|
| | | | | $\sigma_1$ | $\sigma_2$ | $\sigma_3$ |
| 1 | | | | 5 | 4 | 1 |
| 2 | | | | 5 | 4 | 2 |
| 3 | 0° | 3 | 3 | 5 | 4 | 3 |
| 4 | | | | 5 | 4 | 4 |
| 5 | | | | 5 | 4 | 5 |

续表 7-2

| 组数 | 预设裂纹角度 /(°) | 水压 /MPa | 放电电压 /kV | 地应力/MPa | | |
| --- | --- | --- | --- | --- | --- | --- |
| | | | | $\sigma_1$ | $\sigma_2$ | $\sigma_3$ |
| 6 | | | | 6 | 4 | 5 |
| 7 | 0° | 3 | 3 | 7 | 4 | 5 |
| 8 | | | | 8 | 4 | 5 |
| 9 | | | | 9 | 4 | 5 |

### 7.5.2 裂纹演化结果分析

数值演算完成后,提取不同地应力组对应的起裂压力和裂纹扩展长度、最大宽度与裂纹面积,定量分析地应力变化对起裂效果的影响,得出相关的规律。未提取裂纹的裂隙率,是由于裂纹面积变化趋势几乎与裂纹裂隙率的曲线走向相同,由图 7-12 的(c)、(d)对比可知。数值模拟计算完成后,观察计算结果动画图,提取裂纹起裂时刻对应的最大 Mises 应力,将不同地应力组数所对应的起裂应力汇集成表;观察裂纹最终演化结果图,获取最大裂纹宽度,类似操作如文献[94],利用 Python 插件提取其对应的裂纹长度与面积,进而通过 Origin 绘制对应的数据图,分析地应力与裂纹参数之间的变化规律。

首先分析最小主应力 $\sigma_3$ 变化对裂纹扩展效果的影响,采用 1~5 组的地应力变化方案进行模拟计算,观察裂纹的起裂应力、扩展长度、最大宽度与面积随最小主应力 $\sigma_3$ 的变化曲线,如图 7-13 所示。

从图 7-13 发现,最小主应力值的由 1 MPa 增长至 5 MPa 过程中,裂纹的起裂压力近乎以线性方式从 8.74 MPa 增至 12.45 MPa,增加幅度为 42.4%;裂纹的扩展长度从 86.64 mm 缩短至 64.13 mm,缩短幅度为 25.98%;扩展的最大宽度由 0.63 mm 拓宽至 0.81 mm,拓宽幅度为 28.57%;裂纹面积由 54.76 mm² 减小至 51.37 mm²,减小幅度为 6.19%。

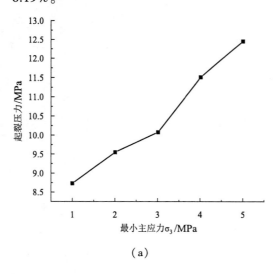

（a）

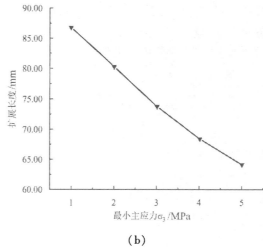

（b）

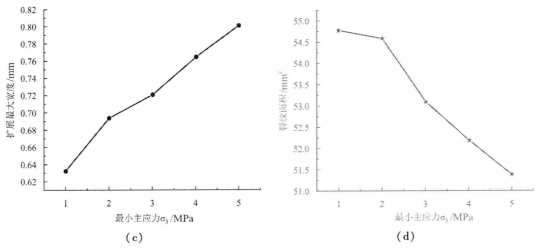

（c）　　　　　　　　　　　　　　（d）

**图 7-13　地应力 $\sigma_3$ 变化下裂纹扩展关键参数变化曲线**

由于模拟采用二维平面应力模型,需考虑最大主应力 $\sigma_1$ 变化对裂纹扩展效果的影响,固定 $\sigma_2$ 和 $\sigma_3$ 的值,改变 $\sigma_1$,具体操作方案如表 7-2 所示 6~9 组的加载方案,根据模拟计算结果提取每组裂纹的起裂压力、长度、最大宽度和面积,绘制裂纹参数随最大地应力 $\sigma_1$ 的变化曲线,如图 7-14 所示。

由图 7-14,随着最大主应力的增加,裂纹的起裂应力由 12.87 MPa 增至 13.14 MPa,增幅为 2.09%;裂纹扩展长度由 63.43 mm 减短至 63.21 mm,减短幅度为 0.35%;扩展最大宽度从 0.8 mm 拓宽至 0.82 mm,拓宽幅度为 2.5%;裂纹面积由 50.93 mm$^2$ 缩小至 50.76 mm$^2$,缩小幅度为 0.34%。

为了观察最大主应力 $\sigma_1$ 和最小主应力 $\sigma_3$ 对裂纹扩展关键参数的不同的影响程度,进行相同地应力差条件下的控制变量法模拟,分别改变最大主应力 $\sigma_1$ 和最小主应力 $\sigma_3$,具体操作方案如表 7-2 所示 1~4 组、6~9 组的加载方案,其中地应力差计算式为 $\Delta\sigma = \sigma_1 - \sigma_3$。裂纹扩展参数随地应力差变化的规律曲线如图 7-15 所示。

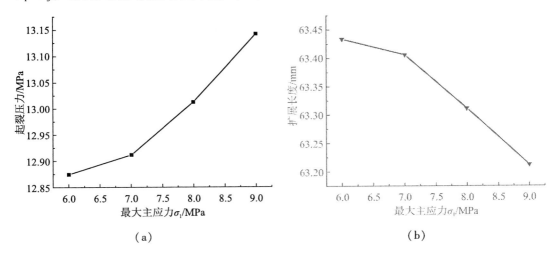

（a）　　　　　　　　　　　　　　（b）

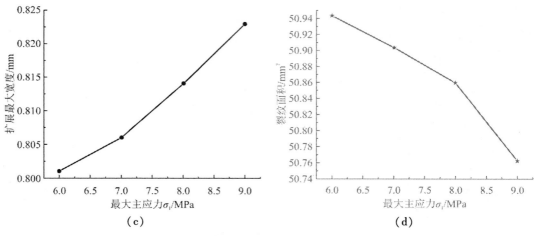

（c）　　　　　　　　（d）

**图 7-14　地应力 $\sigma_1$ 变化下裂纹扩展关键参数变化曲线**

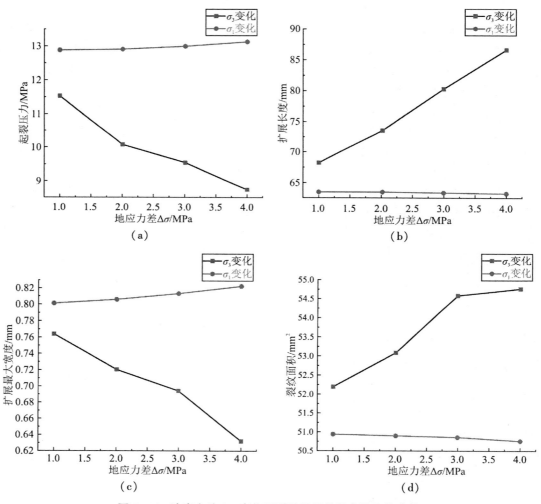

（a）　　　　　　　　（b）

（c）　　　　　　　　（d）

**图 7-15　地应力差 $\Delta\sigma$ 变化下裂纹扩展关键参数变化曲线**

　　观察图 7-15,由图(a)可知随着地应力差的增加,在 $\sigma_1$ 变化的条件下,裂纹起裂应力增加缓慢,主要是因为 $\sigma_1$ 变化时,岩体所受应力增加,裂纹尖端所受束缚力增加,故而起裂应力增加;在 $\sigma_3$ 变化时,岩体所受应力减小,裂纹起裂应力近似线性递减,裂纹尖端所受束缚力减小,使得起裂应力减小。由两条变化曲线的斜率可知,随地应力差的增加,$\sigma_3$ 变化所主导的裂纹起裂应力线性递增,$\sigma_1$ 变化所主导的裂纹起裂应力近乎平行于水平轴,变化不大。由图(b)、(c)、(d)也可以发现随着地应力差的增加,最大主应力变化下裂纹的扩展长度、最大宽度和面积的曲线斜率很小,变化曲线基本平行于水平轴;最小主应力变化的条件下,裂纹扩展长度和面积随应力差的变大而线性增加,裂纹的最大宽度随地应力差而线性变窄。

　　综合图 7-13～图 7-15,可知岩体在三向应力条件下,随着远场应力的增加,裂纹尖端憋压值增加,使得裂尖运动的起裂应力值增加,冲击波阵面能量损失增多,驱动裂纹扩展长度变短,线弹性介质的应力应变关系使得裂纹的扩展最大宽度随起裂压力增大,裂纹面积减小。地应力差增加过程中,随着最大主应力的增加,裂纹起裂压力、扩展长度、最大宽度和面积虽然有轻微变化,但基本可以忽略;而最小主应力变化条件下,裂纹的起裂应力和最大扩展宽度线性递减,扩展宽度和面积线性增加。

## 7.6　液体黏度的影响

　　压裂液充填裂纹,可以促使扩展的裂纹保持张开,避免裂纹重新闭合,进而促进煤层气等非常规天然气流通通道的畅通,气体解吸的裂纹面积维持时间增长,增加解吸量,但是,压裂液在裂纹内流通时,由于分子间作用,产生黏性,影响压裂液运移,从而影响裂纹的扩展情况。此次在钻孔中选取不同的压裂液,黏度选择为 1 mPa·s、10 mPa·s、20 mPa·s、30 mPa·s、40 mPa·s,预设裂纹角度为 0°,$\sigma_1 = 5$ MPa,$\sigma_2 = \sigma_3 = 4$ MPa,水压 $p_w = 3$ MPa,电压 $U = 3$ kV。对不同模拟情况下的裂纹演化情况进行分析,模拟结果如下图 7-16 所示。

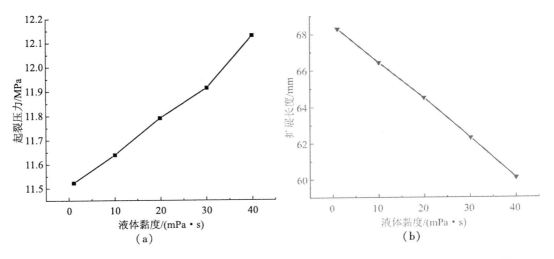

（a）　　　　　　　　　　　　（b）

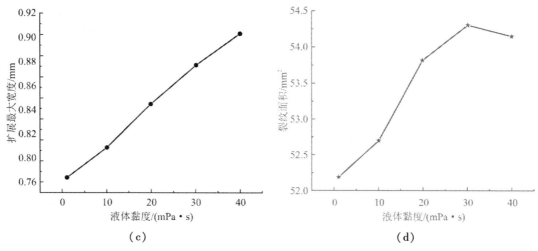

（c）　　　　　　　　　　　　　　（d）

**图 7-16　压裂液黏度变化下裂纹扩展关键参数变化曲线**

观察图 7-16,可知随着压裂液黏度的增加,裂纹起裂压力增加、扩展长度缩短、扩展最大宽度变宽,裂纹面积也随之增加。当液体黏度从 1 mPa·s 改变至 40 mPa·s 时,起裂压力由 11.52 MPa 增长至 12.13 MPa,增幅为 5.29%;扩展长度由 68.31 mm 缩短至 60.1 mm,缩短幅度为 12.01%;裂纹扩展最大宽度由 0.76 mm 拓宽至 0.9 mm,变宽幅度为 18.42%;裂纹面积由 52.19 mm² 增加至 54.15 mm²,增幅为 3.75%。这是因为黏度的增加,使得液体的流动能力变弱,在裂纹内的流动阻力变大,液体压力损失度升高,引发裂缝内压力梯度增加;还使液体对岩石的渗透能力变弱,液体来不及进入裂纹新扩展的面积内,裂纹发生部分闭合,故此,裂缝起裂压力增大,延伸难度加大,裂缝长度减小;黏性增加,流体分子间聚合力增强,以及流体与裂纹面黏结度增强,滤失程度减弱,流体楔压作用增强,拓宽了裂纹通道。由以上分析可知,压裂液黏度在 1~40 mPa·s,起裂压力与裂纹扩展面积受影响较小,只有轻微增长,裂纹长度与扩展最大宽度受影响较大。

 **本章小结**

本章基于 ABAQUS 平台中的 XFEM 方法,建立单裂纹数值模拟,研究了裂纹演化类型和单裂纹角度、地应力、液体黏度对裂纹起裂压力、几何形态的影响,得出的结论如下:

（1）水压中进行高压脉冲放电压裂岩体,当预设裂纹角为 0°或 90°时,裂纹为 Ⅰ 型裂纹,受拉应力起裂破坏,裂纹错动位移、起裂和张开位移较小;当预设裂纹角度为 0°到 90°之间时,裂纹为 Ⅰ-Ⅱ 复合型裂纹,裂纹受拉剪应力起裂破坏,随裂纹角度的增加,裂纹错动位移和起裂张开位移增大。

（2）在 3 MPa 水压下,进行不同电压(3 kV、5 kV)和不同单裂纹角度 α(0°、15°、30°、45°、60°、75°、90°)的数值模拟,做 14 组模拟,表明:3 kV 时,随 α 的增加,起裂压力由 11.52 MPa 增加至 22.31 MPa,裂纹长度由 68.31 mm 缩短至 56.02 mm,最大宽度由 0.76 mm拓宽至 1.41 mm,裂纹面积由 53.34 mm² 增至 80.31 mm²,裂隙率由 0.06% 增加至

0.09%;5 kV 时,裂纹几何指标均大于 3 kV;相同 $\alpha$ 下,3 kV 与 5 kV 致裂页岩的裂纹扩展轨迹都是锯齿形,以 I-II 复合型演化。

(3)岩体在相同水压(3 MPa)、电压(3 kV)和单裂纹角度(0°)下,裂纹关键参数的变化取决于垂直裂纹方向的最小主应力 $\sigma_3$,平行裂纹方向的最大主应力 $\sigma_1$ 的影响相对较小。最小主应力 $\sigma_3$ 变化时,地应力差由 4 MPa 减小至 0 MPa 过程中,裂纹起裂压力由 8.74 MPa 增大至 12.45 MPa,扩展长度由 86.64 mm 缩短至 64.13 mm,最大宽度由0.63 mm 拓宽至 0.8 mm,扩展面积由 54.76 mm$^2$ 减小至 51.37 mm$^2$;最大主应力 $\sigma_1$ 变化时,地应力差由 1 MPa 增加至 4 MPa 过程中,裂纹起裂压力由 12.87 MPa 增大至 13.14 MPa,扩展长度由 63.4.3 mm 缩短至 63.21 mm,最大宽度由 0.8 mm 拓宽至 0.82 mm,扩展面积由 54.93 mm$^2$减小至 51.76 mm$^2$。也就是说,不同主应力的条件下,地应力差的变化对裂纹的演化影响规律相似,但影响程度不同。

(4)随着液体黏度的增大,起裂压力与裂纹扩展面积受影响较小,只有轻微增长,裂纹长度缩短,裂纹宽度变大。

# 第8章

# 高压电脉冲水力压裂煤岩体裂纹三维扩展演化

上一章已对水中高压电脉冲作用下单一裂纹的断裂、扩展规律进行了分析研究，但对于整个煤岩体试件的立体裂纹扩展、形态变化仍需进一步分析，且缺少关于扩展宽度、应力等变化的分析。因此为了更好地研究高压电脉冲水压致裂煤岩体的裂纹扩展过程，深入分析不同弹性模量、泊松比变化对裂纹扩展状态的影响，本章继续利用 ABAQUS 建立三维数值模型，进行与试验条件相同的煤岩体高压电脉冲水力压裂模拟，并进一步模拟弹性模量变化下各试件的致裂情况，实现对试验的验证与进一步补充。

## 8.1  建立 ABAQUS 数值模型与确定模拟方案

### 8.1.1  建模流程

（1）模型尺寸、单元网格划分。采用 ABAQUS 2018 建立三维冲击波水力压裂数值模拟，模型尺寸、材料属性均参照试验试件的尺寸，为 300 mm ×300 mm ×300 mm，模型中心设置一个 $\phi$26 mm 的圆形钻孔，模型边界模拟地层应力，水平方向施加应力 8.66 MPa，垂直方向施加应力 7.28 MPa（钻孔方向），并为便于划分网格分别在模型中部设立相应辅助线，模型如图 8-1 所示。$xy$ 平面内网格尺寸为 2.5 mm，$z$ 方向网格尺寸为 10 mm，模型总单元格个数为 268 415，网格划分图见图 8-2。

（2）赋予材料属性。模型中定义煤岩为脆性材料，输入的参数主要有抗拉强度、密度、弹性模量、泊松比，具体数值见表 4-2。

（3）装配部件。整个分析模型是一个装配件，而每一个部件都是面向它自己的坐标系的，是相互独立的。Part 模块中创建的各个 Part 需要在 Assembly 模块中装配起来。其方式是先生成部件的实体（Instance）副本，然后在整体坐标系里对实体相互定位。一个模型可能有许多部件，但装配件只有一个。

（4）设置分析步。首先建立初始状态，另外考虑到高压电脉冲作用下形成的冲击波

荷载为动态荷载,故本文选择显示动态(Dynamic,Explicit)模块,加载时长设置为 0.05 s,
输出 50 帧动画,见图 8-3。

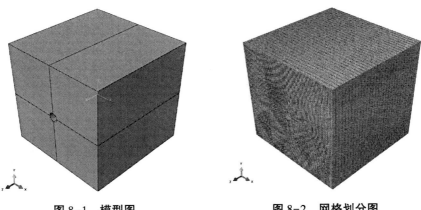

图 8-1　模型图　　　　　　　　　　　　图 8-2　网格划分图

图 8-3　设置分析时间步

　　(5)创建边界条件。位移边界:模型边界位移为零,设定 $x$ 轴方向两个面的边界$U_x=$
$0$;$y$ 轴方向两个面的边界 $U_y=0$;$z$ 轴方向两个面的边界 $U_z=0$,见图 8-4,模型边界约束与
荷载施加情况见图 8-5。

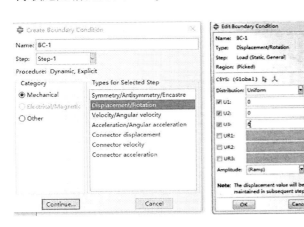
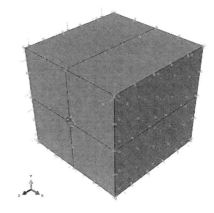

图 8-4　设置位移边界条件　　　　　　　　图 8-5　模型整体荷载布局图

（6）施加荷载。

（7）计算。

### 8.1.2　模型荷载的设定

首先模拟与试验条件一致的相同静水压 3 MPa、不同放电电压条件（9 kV、11 kV、13 kV）下的数值模型，模型所受荷载主要有地应力、静水压力、高压电脉冲作用下形成的冲击荷载，模型具体施加荷载如下：

（1）施加模拟的地应力。模拟地层应力，水平方向施加应力 8.66 MPa，垂直方向施加应力 7.28 MPa（钻孔方向）。

（2）施加静水压力。垂直于钻孔内部向模型施加 3 MPa 恒定荷载，模拟高压电脉冲水力压裂作用下的静水压力。

（3）施加冲击波荷载。对模型钻孔内壁施加动态冲击波荷载，用于模拟放电电压形成的冲击波压力。垂直于钻孔轴线方向对模型中钻孔内壁施加均匀分布的冲击波动力荷载，其中冲击波荷载取值于试验过程中利用压力传感器等设备采集到的冲击波波形图，由于 ABAQUS 无法直接导入相应的波形图曲线，本模拟提取一部分曲线特征点（图 8-6 中圆圈标记点）进行加载，为保证模拟的准确性，可尽量多提取一些特征点。3 MPa 静水压不变、不同放电电压条件（9 kV、11 kV、13 kV）下对应的冲击波波形图见图 8-6。

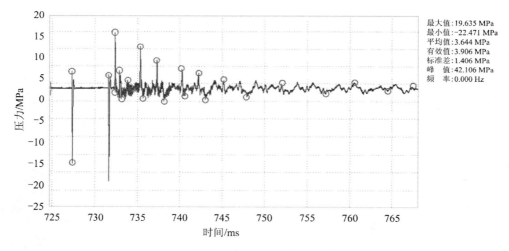

最大值：19.635 MPa
最小值：-22.471 MPa
平均值：3.644 MPa
有效值：3.906 MPa
标准差：1.406 MPa
峰　值：42.106 MPa
频　率：0.000 Hz

（a）3 MPa 水压，9 kV 放电电压

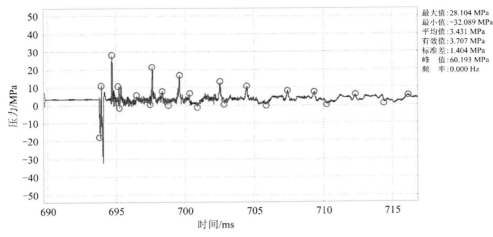

最大值:28.104 MPa
最小值:-32.089 MPa
平均值:3.431 MPa
有效值:3.707 MPa
标准差:1.404 MPa
峰　值:60.193 MPa
频　率:0.000 Hz

（b）3 MPa 水压,11 kV 放电电压

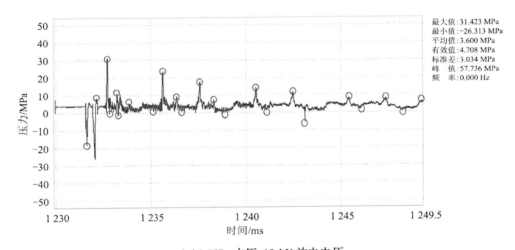

最大值:31.423 MPa
最小值:-26.313 MPa
平均值:3.600 MPa
有效值:4.708 MPa
标准差:3.034 MPa
峰　值:57.736 MPa
频　率:0.000 Hz

（c）3 MPa 水压,13 kV 放电电压

图 8-6　3 MPa 静水压、不同放电电压对应的冲击波波形

### 8.1.3　数值模拟方案的选择

通过高压电脉冲水力压裂试验和三维重建分析了相同静水压、不同电压作用下裂纹的致裂与扩展情况,得出了随电压增大裂纹无论是数量、体积,还是损伤、分形效果均得到了一定的提升。为了验证模型的正确性,首先进行相同加载条件、相同材料属性的数值模拟分析,分析裂纹扩展演化规律,然后研究煤岩体的力学参数对高压电脉冲水压致裂效果的影响,进行煤岩的不同弹性模量、泊松比的数值模拟试验,探究二者对裂纹扩展演化的影响。其中弹性模量是衡量物体抵抗弹性变形能力大小的尺度,是材料在弹性范围内应力与应变的比值,在力学上反映材料的坚固性;泊松比是指材料在单向受拉或受压时,横向正应变与轴向正应变的绝对值的比值,也叫横向变形系数,它是反映材料横向变形的弹性常数,对各向同性材料,弹性模量 $E$ 和泊松比 $\mu$ 是两个基本材料常数,可确定

材料的弹性性质。不同煤层的各个力学参数之间存在着一定的差异性,而煤岩的弹性模量、泊松比可以一定程度上影响其致裂效果,通过查阅大量文献,统计了不同地区煤层的力学参数区间,见表8-1。

**表8-1　不同地区煤层物理力学参数**

| 煤层 | 弹性模量/GPa | 泊松比 | 抗压强度/MPa | 抗拉强度/MPa |
|---|---|---|---|---|
| 寺河煤矿 | 3.7~16.9 | 0.16~0.3 | 15~51.81 | 1.2~6.13 |
| 沁水盆地 | 2.38~5.62 | 0.16~0.43 | 5.0~50 | 0.25~5.0 |
| Wood Ford | 5.2~12 | 0.25~0.36 | 124 | — |
| 龙马溪 | 12.0~28.8 | 0.13~0.43 | 26.3~214.7 | — |
| 四川盆地 | 35.8~56 | 0.2~0.33 | 151.92 | 2.94 |
| Eagle Ford | 30~58 | 0.15~0.3 | 120~160 | — |

根据本书高压电脉冲水力压裂试验以及表4-2中不同煤层的物理力学参数确定了本次模拟的最终方案,方案及参数见表8-2。

**表8-2　数值模拟方案及参数**

| 方案编号 | 静水压/MPa | 放电电压/MPa | 弹性模量/MPa | 泊松比 |
|---|---|---|---|---|
| 1 | 3 | 9,11,13 | 11070 | 0.3 |
| 2 | 3 | 13 | 23820,35730,47640 | 0.3 |
| 3 | 3 | 13 | 11070 | 0.16,0.20,0.24 |

### 8.1.4　试验-重建-数值模拟对比验证

将方案1模拟最终结果在z轴方向上进行等间距(10 mm)的切割,每个模型获取30张水平变形图,同样经一系列图片处理后导入 Mimics 三维重建软件中对煤岩试件及其内部裂纹进行重建,重建结果见图8-7。

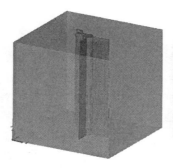 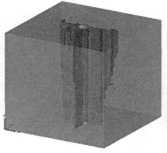 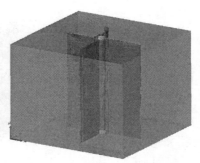

(a)3 MPa 水压/9 kV 电压　　(b)3 MPa 水压/11 kV 电压　　(c)3 MPa 水压/13 kV 电压

**图8-7　3 MPa 静水压、不同放电电压数值模拟重建模型图**

从重建后的 3 MPa 静水压、不同放电电压数值模拟模型图 8-7 可以发现,煤岩内部裂纹均是上下贯通的片状结构,与试验结果不同的是,数值模拟加载后煤岩体形成的损伤多为无太多微小裂纹的破裂面,这是由于未考虑煤岩结构的各向异性造成的;同时,随着电压的不断升高,破裂面数量越来越多,表面积、体积增大明显,其中 3 MPa 水压/11 kV 电压加载条件下的煤岩样出现了与试验一致的由上到下扩展程度越来越小的规律,这是冲击波传播过程中不断衰减导致的,其他两个加载条件下的煤岩样衰减规律不明显;从各煤岩体试件内部破裂面在水平方向上的扩展情况可知,试验重建的煤岩芯(直径 80 mm)范围之外明显存在继续向外扩展的现象,但都未曾贯通至煤岩试件的外边界。

另将致裂试验(CT 切片)、试验三维重建、数值模拟所得煤岩体致裂结果选取同层位部分图片导入孔裂隙分析软件 PCAS 中,分别提取裂纹的平均长度、平均面积、平均宽度,并绘制相应折线图 8-8,以此对比分析三者的差异。

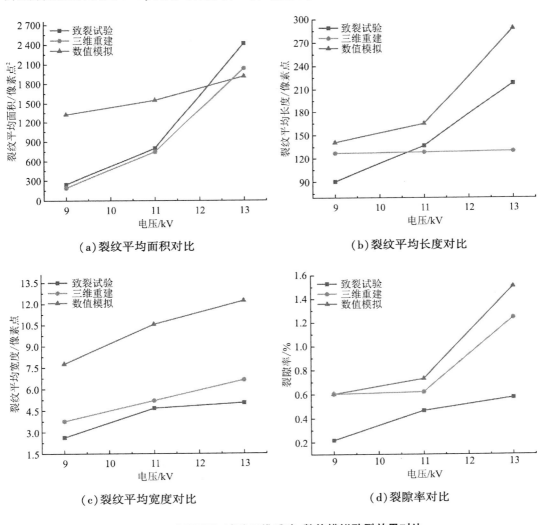

(a)裂纹平均面积对比　　　　　　　　(b)裂纹平均长度对比

(c)裂纹平均宽度对比　　　　　　　　(d)裂隙率对比

图 8-8　致裂试验、试验三维重建、数值模拟致裂效果对比

从图 8-8 可以看出,高压电脉冲水压致裂试验和三维重建所得的裂纹的平均面积、长度、宽度变化趋势相似,且各差值也较小,两者裂纹平均面积最大差值为 378.6 平方像素点,裂纹平均长度最大差值为 88.56 像素点,裂纹平均宽度最大差值为 25.22 像素点;其中数值模拟与致裂试验、三维重建均存在较大差异,是因为数值模拟为整个试件内部的裂纹,前两者则仅为煤岩芯(直径 80 mm)之内的裂纹参数;而裂隙率虽然最大的仍是数值模拟所得结果,但三者之间的差值相对较小,三维重建和数值模拟的变化趋势及各试件裂隙率大小更为接近;虽然高压电脉冲水压致裂试验、三维重建、数值模拟所得各试件裂隙率、内部裂纹的面积、长度、宽度值存在较小的差异,但随电压增大的变化趋势基本一致。

由此可见,由于数值模拟条件的限制及未考虑煤岩体的各向异性以及内部存在的弱结构面、缺陷、天然裂缝等未知构造,虽然致裂后形成的裂纹在细节上与试验及重建结果有一定的差异,但总体呈现的规律是一致的,说明建立的模型是正确的,模型方案是可行的。

## 8.2　不同放电电压条件下裂纹三维演化规律分析

为了进一步探究煤岩体致裂后裂纹周边应力的分布情况及裂纹扩展变化规律,分别提取出数值模拟方案 1 不同放电电压条件下加载分析步为 10、30、50 的部分应力云图,见图 8-9~图 8-11。

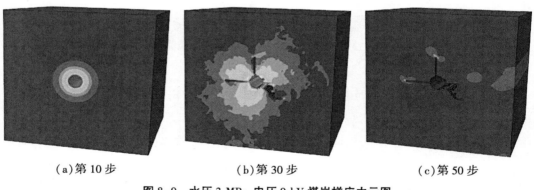

　(a)第 10 步　　　　　　　(b)第 30 步　　　　　　　(c)第 50 步

图 8-9　水压 3 MPa、电压 9 kV 煤岩样应力云图

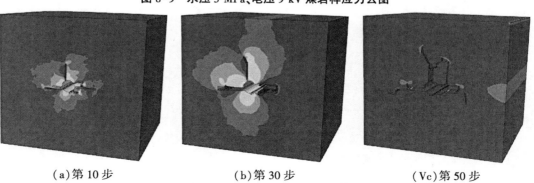

　(a)第 10 步　　　　　　　(b)第 30 步　　　　　　　(Vc)第 50 步

图 8-10　水压 3 MPa、电压 11 kV 煤岩样应力云图

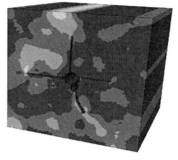
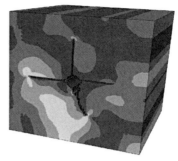

（a）第 10 步　　　　　　　（b）第 30 步　　　　　　　（c）第 50 步

图 8-11　水压 3 MPa、电压 13 kV 煤岩样应力云图

从煤岩样应力云图 8-9～图 8-11 可以发现，在 3 MPa 静水压力、9 kV 电压的共同作用下，煤岩样于第 21 步沿钻孔向外开始起裂，形成 3 条主裂纹，第 30 步时应力主要集中于钻孔边缘的裂纹周围，第 50 步裂纹停止扩展，周围应力逐渐扩散；在 3 MPa 静水压力、11 kV 电压作用下，煤岩样起裂时间为第 8 步，3 条主裂纹形成初步的开裂，并随着分析步的增加，裂纹逐渐沿主裂纹方向发生扩展，第 50 步有 2 条主裂纹均出现裂纹分叉现象，应力首先集中分布在钻孔周围又逐渐扩散；在 3 MPa 静水压力、13 kV 电压作用下，第 7 步便开始出现裂纹，主裂纹有 4 条，随时间步的增大，应力分布的变化同样在钻孔周围存在较大的应力，随着裂纹的扩展，应力越来越大，直至裂纹停止扩展，应力才逐渐减小；随着电压的变大，起裂时间越来越早，主裂纹数量由 3 条变为 4 条，且各裂纹的扩展程度也逐渐变大，与试验所得结果规律一致。

## 8.3　弹性模量变化对裂纹演化的影响

为了研究煤岩体弹性状态对高压电脉冲水压致裂效果的影响，进行方案 2 的数值模拟研究。分别提取出方案 2 中不同弹性模量条件下起裂步、最终步的应力云图，见图 8-12～图 8-14。

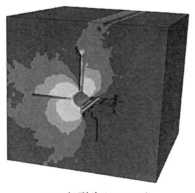
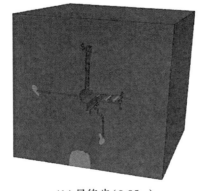

（a）起裂步（0.007 s）　　　　　　　（b）最终步（0.05 s）

图 8-12　弹性模量为 23 820 MPa 的煤岩样应力云图

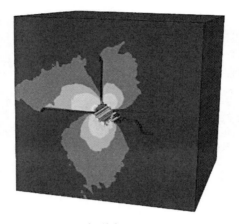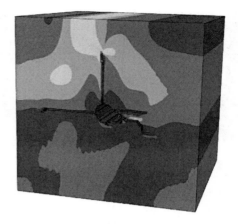

（a）起裂步（0.007 s）  （b）最终步（0.05 s）

图 8-13　弹性模量为 35 730 MPa 的煤岩样应力云图

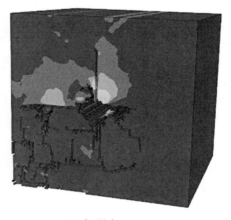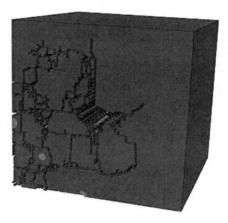

（a）起裂步（0.007 s）  （b）最终步（0.05 s）

图 8-14　弹性模量为 47 640 MPa 的煤岩样应力云图

综合原煤岩样（弹性模量为 11070 MPa）的图 8-11 和图 8-12~图 8-14 可以发现,弹性模量为 11070 MPa、23820 MPa、35730 MPa 条件下的煤岩样主裂纹均为 4 条,且其中 3 条沿 $x$ 轴、$y$ 轴方向的主裂纹长度、角度基本未发生变化,但另一条处于轴线之外的主裂纹则是逐渐向 $x$ 轴方向偏转;弹性模量为 47640 MPa 的煤岩样虽已碎裂呈及其复杂的裂纹网络,仍隐约可见 4 条主裂纹,在 4 条主裂纹的基础上,发生裂纹分叉、交叉、首先在煤岩样的左下角部分扩展为裂纹网络,逐渐向上延展,最终裂纹网络扩展约为煤岩样的 1/2;随着弹性模量的不断增加,材料脆性变得越来越大,便形成了图 8-14 中煤岩样接近碎裂的效果;另外综合各弹性模量变化的煤岩样起裂时间发现,无论弹性模量为何值,同一荷载作用下的煤岩样均于第 7 步（0.007 s）时出现裂纹,可见弹性模量的改变并未对煤岩样的起裂时间步造成影响。

## 8.4　泊松比变化对裂纹演化的影响

为了进一步研究煤岩体变形性质对高压电脉冲水压致裂效果的影响,进行方案 3 的数值模拟研究。分别提取出方案 3 中不同泊松比条件下起裂步、最终步的应力云图见下图 8-15~图 8-17。

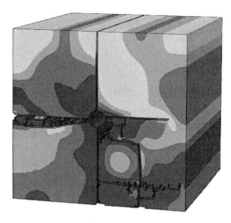

(a)起裂步(0.007 s)　　　　　　　　　(b)最终步(0.05 s)

**图 8-15　泊松比为 0.16 的煤岩样应力云图**

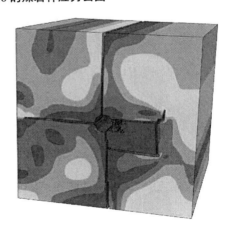

(a)起裂步(0.007 s)　　　　　　　　　(b)最终步(0.05 s)

**图 8-16　泊松比为 0.20 的煤岩样应力云图**

从图 8-15~图 8-17 可以发现,泊松比为 0.16 的煤岩样起裂时有 4 条主裂纹,$y$ 轴方向上的裂纹已经达到贯通状态,$x$ 轴方向上的裂纹即将贯通,而第 50 步时已形成了较好的裂纹网络,存在裂纹分支以及很多纵横交错的小裂纹,裂纹扩展发育状态良好;泊松比为 0.20 的煤岩样起裂时也存在 4 条主裂纹,仅 $y$ 轴负方向上的裂纹达到贯通状态,其余未贯通,$x$ 轴正方向出现了裂纹分叉,第 50 步时 $y$ 轴方向上的主裂纹全部贯通,且 $y$ 轴负方向上生成的裂纹分支与原 $x$ 轴分叉裂纹交汇在一起,形成局部裂纹网络;泊松比为 0.24 的煤岩样依旧存在 4 条主裂纹,但无论是起裂时还是第 50 步均未达到裂纹贯通状态,裂纹扩展发育情况相较其他泊松比条件下的煤岩样明显最弱。

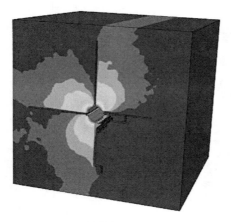 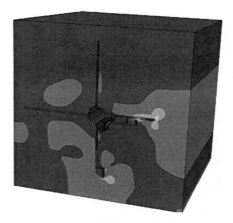

(a)起裂步(0.007 s)　　　　　　　　(b)最终步(0.05 s)

**图 8-17　泊松比为 0.24 的煤岩样应力云图**

随着泊松比的逐渐变大,起裂时间未发生改变,均在同一时间步开始出现裂纹;虽然主裂纹条数并未发生变化,但裂纹的贯通程度逐渐变小,且由原来的裂纹网络变成裂纹交叉分叉,直至最后无分叉未贯通,裂纹的开裂效果降低,反之则说明泊松比越大,高压电脉冲水压致裂技术对于材料的致裂效果越好。

 **本章小结**

本章主要利用 ABAQUS2018 建立与试验条件相同的静水压不变、电压逐渐变大的煤岩样模型,进行高压电脉冲水力压裂的模拟试验,并分析了不同弹性模量、不同泊松比对裂纹扩展的影响,主要内容和结论如下:

(1)数值模拟的裂纹形态及裂纹扩展效果定量分析,总体呈现的规律性是一致的,说明建立的模型是正确的,模拟方案是可行的。

(2)相同静水压、放电电压逐渐增加,起裂时间越来越早,主裂纹数量由 3 条变为 4 条,且各裂纹的扩展程度也逐渐变大,同时应力和裂纹扩展宽度均是沿钻孔内壁向外边界逐渐递减。

(3)通过对弹性模量、泊松比变化条件下的煤岩材料进行数值模拟发现,弹性模量、泊松比的变化并未影响起裂时间;随着弹性模量增大,泊松比变小,材料脆性逐渐变大,在冲击波和静水压的共同作用下易形成粗大的主裂纹,且裂纹扩展宽度、贯通程度逐渐变大,进而交叉汇合形成良好的裂纹网络。

# 第9章

# 高压电脉冲水力压裂工艺参数影响效应分析

前几章已对高压电脉冲水力压裂煤岩体的裂纹类型、应力强度因子、裂纹二维、三维扩展演化规律进行了研究。由于水中高压电脉冲放电更接近水中炸药爆炸,所以基于以上试验、模拟研究与理论推导,本章将继续利用 LS-DYNA 软件模拟进一步分析煤样在不同静水压力、放电电压等压裂工艺参数条件下煤岩体的压裂效果,研究煤岩样在受力过程中的裂纹的产生、发育以及裂纹相互之间的影响及贯通情况,揭示影响压裂效果的关键因素,进一步完善高压电脉冲水压压裂煤岩的理论体系。

## 9.1 LS-DYNA 程序特点及理论基础

### 9.1.1 LS-DYNA 程序特点

LS-DYNA 程序具有很强的网格自动适应、二维轴对称和平面应变可交式网格、用户可自主定义网格大小、子循环等特点[230]。

LS-DYNA 程序的网格单元类型有多种,其中常见的是三角形壳单元、四边形单元、六面体单元等,并且有多种理论算法可供选择。这些单元具有大转动、大应变和大位移性能,单元计算速度快,储存量小并且精度高,能够达到不同实体结构的网格剖分需求。

### 9.1.2 LS-DYNA 理论基础

#### 9.1.2.1 基本控制方程[231]

Lagrangian 描述增量法是 LS-DYNA 采用的主要算法,假设初始时刻质点坐标为 $X_i$ ($i=1,2,3$),任意 $t$ 时刻的坐标为 $X_i$($i=1,2,3$)。则可将质点的运动方程表示为

$$x_i = x_j(X_j,t) \quad i,j = 1,2,3 \tag{9-1}$$

在 $t=0$ 时,初始条件为

$$x_i(X_j,o) = X_i \tag{9-2}$$

$$\dot{x}(X_j,o) = V_i(X_j,o) \tag{9-3}$$

式中:$V_i$——质点的初始速度。

（1）动量方程

$$\sigma_{ij,j} + \rho f_i = \rho \ddot{x}_i \qquad (9-4)$$

式中：$\sigma_{ij}$——Cauchy 应力；

$f_i$——单位质量体积力；

$\ddot{x}_i$—加速度。

其位移边界条件为

$$x_i = \bar{x}_i \qquad (9-5)$$

式中：$\bar{x}_i$——在位移边界上给定的位移函数。

应力边界条件为

$$\sum_{j=1}^{3} \sigma_{ij} n_j = \bar{T}_i \qquad (9-6)$$

式中：$n_j(j=1,2,3)$——现时构形边界；

$\bar{T}_i(i=1,2,3)$——应力边界上的面力载荷。

滑动接触面位移间断处的跳跃条件为

$$\sum_{j=1}^{3} (\sigma_{ij}^+ - \sigma_{ij}^-) n_j = 0 \qquad (9-7)$$

当 $x_i^+ = x_i^-$ 时沿内部接触边界发生接触。

（2）质量守恒方程

$$\rho V = \rho_0 \qquad (9-8)$$

式中：$\rho$——当前质量密度；

$V$——相对体积，$V = |F_{ij}|$，其中 $F_{ij}$ 为变形梯度；

$\rho_0$——初始质量密度。

（3）能量方程

$$\dot{E} = V S_{ij} \dot{\varepsilon}_{ij} - (p + q) \dot{V} \qquad (9-9)$$

式中：$V$——现时构形的体积；

$S_{ij}$——偏应力；

$\dot{\varepsilon}_{ij}$——应变率张量；

$p$——压力；

$q$——体积黏性阻力。

$S_{ij}$ 和 $p$ 可表示为

$$S_{ij} = \sigma_{ij} + (p + q) \sigma_{ij} \qquad (9-10)$$

$$p = -\sigma_{kk}/3 - q \qquad (9-11)$$

### 9.1.2.2　计算方法[232]

（1）Euler 方法。用 Euler 方法对于流体力学方面的问题经常使用,它能够使网格在计算过程中随时发生改变,适合研究大变形材料。当计算流动材料时,网格可以自动形成合适的界面,但网格必须划分得精细,因此在计算过程中,要求电脑的配置,对于应变较小的情况更为明显。

（2）Lagrange 方法。Lagrange 方法多用于计算固体力学问题,当材料发生变形后,它自动对边界网格捕捉,材料中不存在流动的网格。Lagrange 方法对于中等变形材料分析比较精确,然而对大变形的问题还存在一些小问题,如网格会发生过度扭曲造成精度下降、计算时间长等。这种网格可以自动划分区域,可以提高计算的精度,但是三维方面的应用没有得到开发。此外,Lagrange 方法采用空间离散原理,在分析特大变形问题时,网格将会发生一定程度的畸变,可能造成计算困难或者运算终止。

（3）Ale 算法。Ale 算法在流固耦合问题计算时,把 Lagrange 方法和 Euler 方法的优点结合在一起。这种算法初期主要对于流体动力学的计算效果非常好,后来研究者将它与有限元结合起来,求解结构和流体相互作用的问题。另外,它可以求解大变形问题,目前这种算法已经作为计算大变形问题的重要方法。随着这种算法的不断优化,很多分析软件也插入了该算法,但是 LS-DYNA 软件首先使用这种算法。

## 9.2  数值模拟计算方案

### 9.2.1  计算模型及参数选取

（1）基本假设

1）将煤岩体视为线弹性介质,体力为零,不考虑爆炸热量与地应力的耦合效应以及瓦斯压力对致裂效果的影响。

2）高压电脉冲冲击波作用下煤体的破裂满足 Mohr-Coulomb 准则和最大拉应力准则,破裂主要发生在接触单元上,块体单元本身只发生变形。

（2）计算模型建立。为模拟水中高压电脉冲应力波对煤岩体的压裂效果,本次计算模型以实验室试验煤岩样为基础,利用 LS-DYNA 建立了 300 mm×300 mm 的二维数值模型,模型中部开挖一圆孔表示压裂孔,钻孔直径为 26 mm,视模型为平面应力问题,模型示意图如图 9-1 所示。

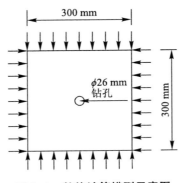

**图 9-1  数值计算模型示意图**

（3）参数选取。模拟过程中用到的参数主要有抗拉强度、抗压强度、弹性模量、泊松比、内摩擦角等,这些参数见表 4-2。

### 9.2.2　初始条件与荷载

#### 9.2.2.1　边界条件

(1)位移边界。模型两侧均为单约束边界条件,施加水平方向的约束,即边界质点只有竖向位移,没有水平位移。模型底部为固定约束边界条件,边界质点不产生位移。

(2)静力边界。实验室煤样采自寺河煤矿151305工作面,其水平地应力大于竖向地应力,以水平应力为主,属于构造应力场类型。所以模型水平应力取为8.66 MPa,竖向应力取为7.28 MPa。

#### 9.2.2.2　施加荷载

由于水中高压放电与水下炸药爆炸力学行为相似,所以采用炸药爆炸模拟水中高压电脉冲对煤体的压裂作用。水中高压放电的能量采用下式计算

$$E = \eta \frac{1}{2} CU^2 \tag{9-12}$$

式中:$E$——放电能量,J;

$\eta$——能量转化率,取15%;

$C$——电容器电容,F;

$U$——放电电压,V。

然后转换成TNT炸药的能量,作用于钻孔侧壁。计算中采用LS-DYNA自带的高性能炸药材料MAT_HIGH_EXPLOSIVE_BURN,状态方程采用JWL状态方程[233],所选取的炸药性能参数如表9-1所示。JWL状态方程形式为

$$p = A\left(1 - \frac{\omega}{R_1 V}\right)E^{-R_1 V} + B\left(1 - \frac{\omega}{R_2 V}\right)E^{-R_2 V} + \frac{\omega E}{V} \tag{9-13}$$

式中:$p$——爆破压力,Pa;

$V$——爆炸产物的相对体积,$m^3$;

$E$——爆炸产物的初始内能,MJ;

$A$、$B$、$R_1$、$R_2$——炸药基础性能参数。见表9-1。

表9-1　炸药基础参数

| 密度 /(kg/$m^3$) | 爆速 /(m/s) | C-J压力 /GPa | JWL 状态方程参数 | | | | | |
|---|---|---|---|---|---|---|---|---|
| | | | $A$/GPa | $B$/GPa | $\omega$ | $R_1$ | $R_2$ | $E_0$/MJ |
| 1600 | 5500 | 6.1 | 741 | 6.89 | 0.35 | 5.56 | 1.65 | 7000 |

## 9.3　不同电压和静水压力对压裂效果的影响分析

利用LS-DYNA有限元程序建立模拟水中高压放电的数值计算模型,采用多组数据进行大量的数值计算并对结果进行统计分析,得到了不同电压、水压组合下的煤体压裂效果,以及裂纹占煤岩样面积的百分比。如图9-2~图9-11所示。

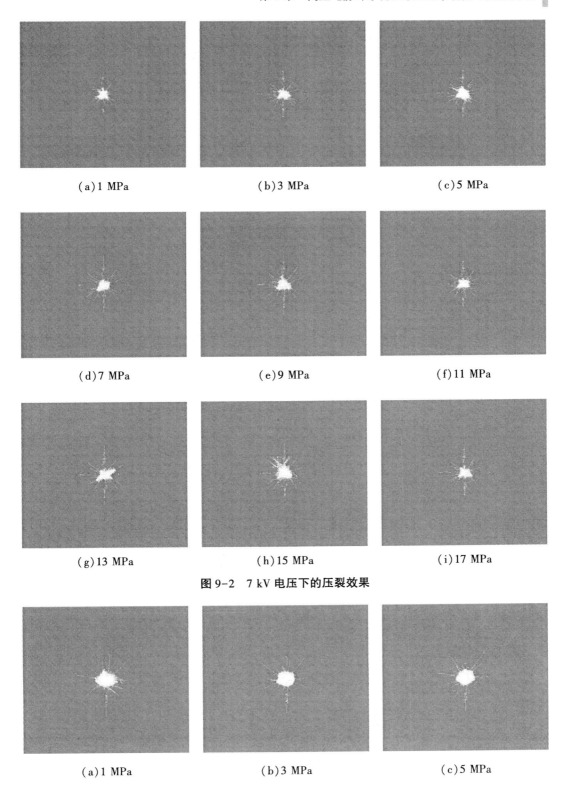

（a）1 MPa　　　　　　（b）3 MPa　　　　　　（c）5 MPa

（d）7 MPa　　　　　　（e）9 MPa　　　　　　（f）11 MPa

（g）13 MPa　　　　　　（h）15 MPa　　　　　　（i）17 MPa

**图 9-2　7 kV 电压下的压裂效果**

（a）1 MPa　　　　　　（b）3 MPa　　　　　　（c）5 MPa

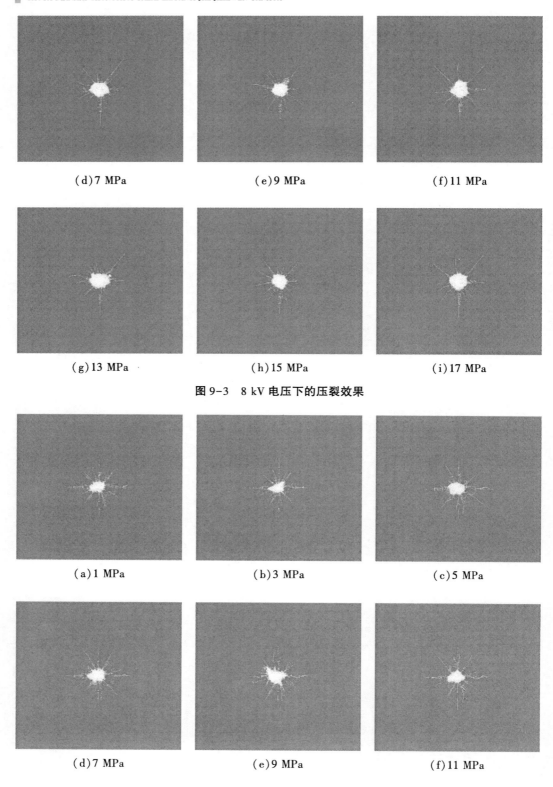

(d)7 MPa　　　　　　　　　(e)9 MPa　　　　　　　　　(f)11 MPa

(g)13 MPa　　　　　　　　　(h)15 MPa　　　　　　　　　(i)17 MPa

**图 9-3　8 kV 电压下的压裂效果**

(a)1 MPa　　　　　　　　　(b)3 MPa　　　　　　　　　(c)5 MPa

(d)7 MPa　　　　　　　　　(e)9 MPa　　　　　　　　　(f)11 MPa

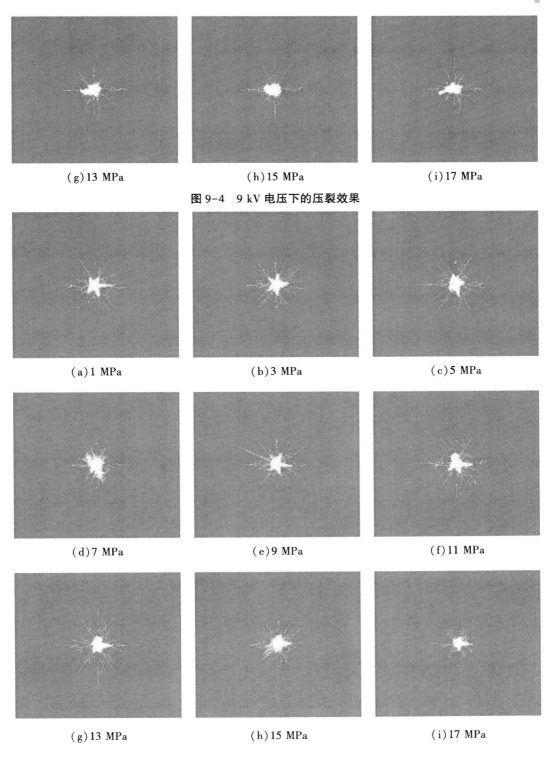

（g）13 MPa　　　　　　（h）15 MPa　　　　　　（i）17 MPa

**图 9-4　9 kV 电压下的压裂效果**

（a）1 MPa　　　　　　（b）3 MPa　　　　　　（c）5 MPa

（d）7 MPa　　　　　　（e）9 MPa　　　　　　（f）11 MPa

（g）13 MPa　　　　　　（h）15 MPa　　　　　　（i）17 MPa

**图 9-5　10 kV 电压下的压裂效果**

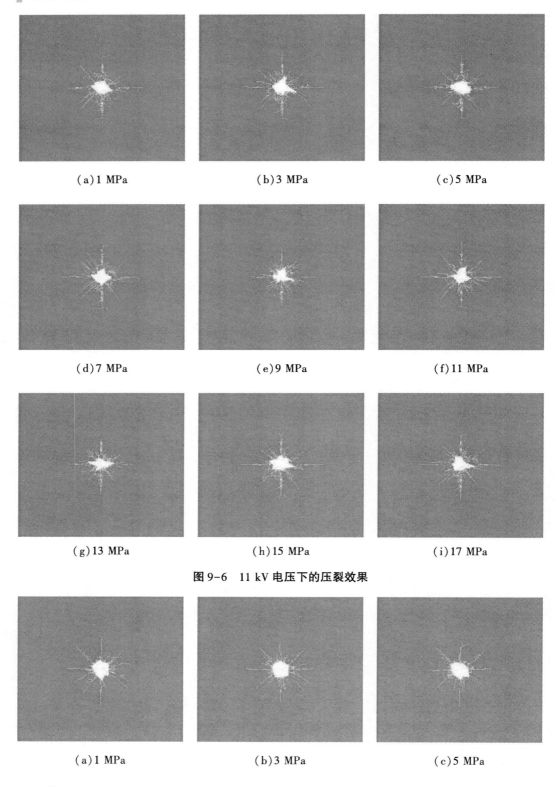

(a)1 MPa　　　　　　　(b)3 MPa　　　　　　　(c)5 MPa

(d)7 MPa　　　　　　　(e)9 MPa　　　　　　　(f)11 MPa

(g)13 MPa　　　　　　(h)15 MPa　　　　　　(i)17 MPa

图9-6　11 kV 电压下的压裂效果

(a)1 MPa　　　　　　　(b)3 MPa　　　　　　　(c)5 MPa

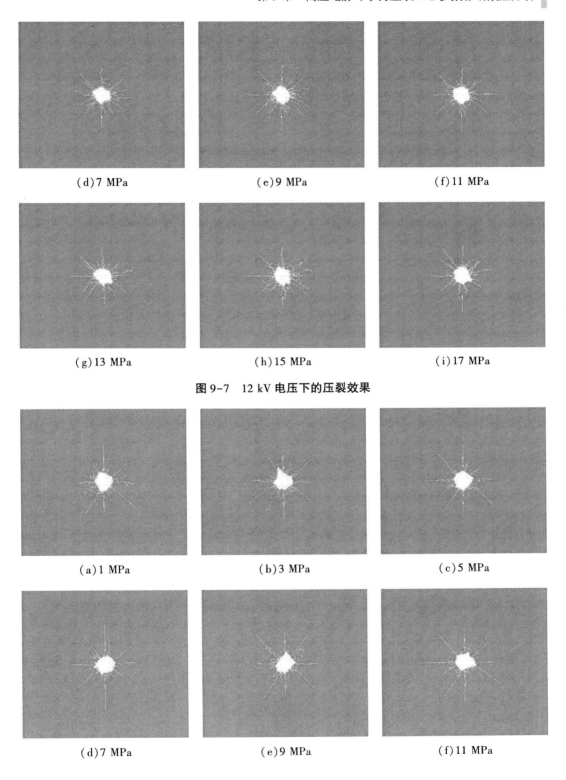

（d）7 MPa　　　　　　（e）9 MPa　　　　　　（f）11 MPa

（g）13 MPa　　　　　　（h）15 MPa　　　　　　（i）17 MPa

**图 9-7　12 kV 电压下的压裂效果**

（a）1 MPa　　　　　　（b）3 MPa　　　　　　（c）5 MPa

（d）7 MPa　　　　　　（e）9 MPa　　　　　　（f）11 MPa

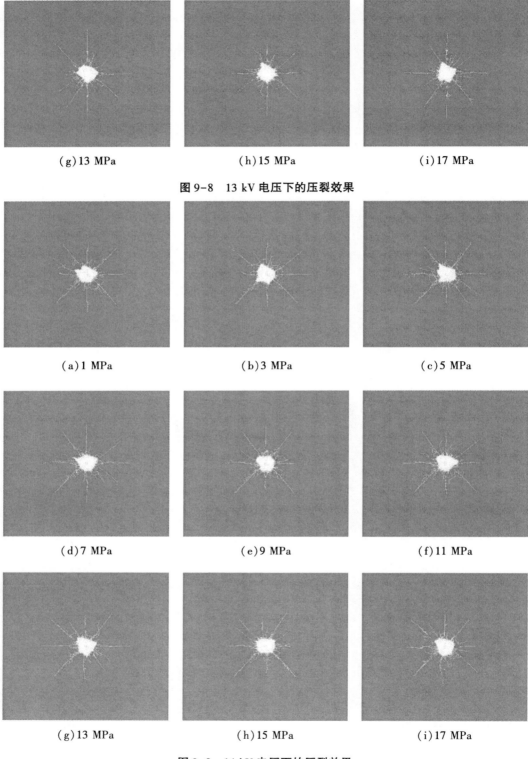

(g) 13 MPa　　　　　　(h) 15 MPa　　　　　　(i) 17 MPa

图 9-8　13 kV 电压下的压裂效果

(a) 1 MPa　　　　　　(b) 3 MPa　　　　　　(c) 5 MPa

(d) 7 MPa　　　　　　(e) 9 MPa　　　　　　(f) 11 MPa

(g) 13 MPa　　　　　　(h) 15 MPa　　　　　　(i) 17 MPa

图 9-9　14 kV 电压下的压裂效果

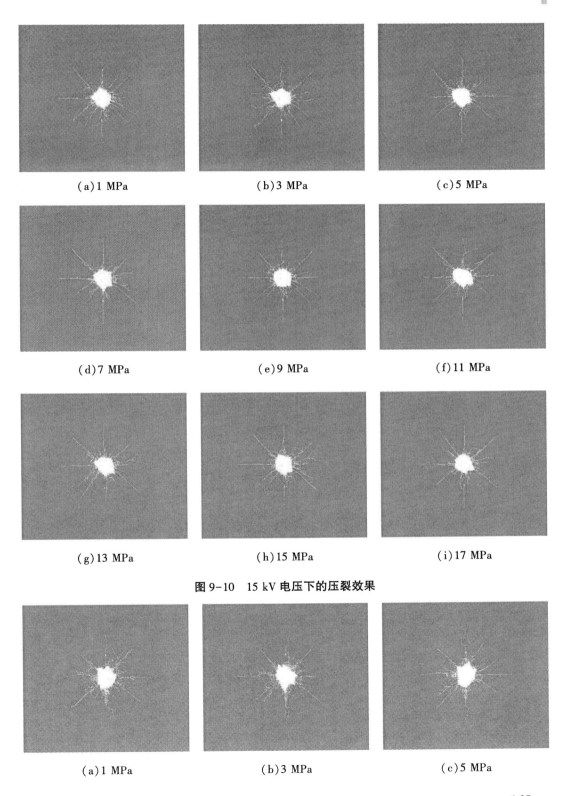

(a) 1 MPa　　　　　　　(b) 3 MPa　　　　　　　(c) 5 MPa

(d) 7 MPa　　　　　　　(e) 9 MPa　　　　　　　(f) 11 MPa

(g) 13 MPa　　　　　　(h) 15 MPa　　　　　　(i) 17 MPa

**图 9-10　15 kV 电压下的压裂效果**

(a) 1 MPa　　　　　　　(b) 3 MPa　　　　　　　(c) 5 MPa

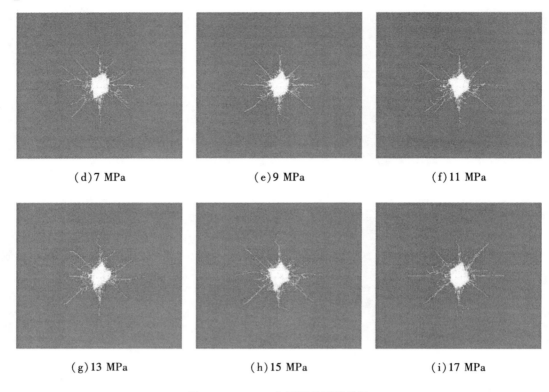

<table>
<tr><td>(d)7 MPa</td><td>(e)9 MPa</td><td>(f)11 MPa</td></tr>
<tr><td>(g)13 MPa</td><td>(h)15 MPa</td><td>(i)17 MPa</td></tr>
</table>

图 9-11　17 kV 电压下的压裂效果

　　由图 9-2~图 9-11 可知,在水压保持不变的情况下,较小的放电电压易生成细小微裂纹,较大的放电电压易生成粗大的宏观裂纹;随着电压的升高,钻孔周围主裂纹数量逐渐增加,由主裂纹随机分叉产生的分支裂纹数量也逐渐增多,主裂纹和分支裂纹开度越来越大,分支裂纹形态各异,互相交错。

　　在电压保持不变的情况下,在水压较低时钻孔周围容易生成细小的分支裂纹和长度较短的主裂纹,随着水压的升高,钻孔周围分支裂纹的数量不断增加,分布范围不断扩大,主裂纹长度在不断增加,主裂纹周边的细小裂纹逐渐产生、延展、互相交织。

　　这是因为在煤岩体钻孔近区爆炸损伤主要是冲击波和水压力引起,当冲击波和静水压力构成的等效应力大于煤岩体的抗剪强度或抗拉强度,煤岩体即被剪断或被拉裂,形成Ⅱ型或Ⅰ型裂纹,这时粗大的主裂纹少而长,细小的分支裂纹多而短;在远离煤岩体钻孔区域,冲击波迅速衰减,但静水压力产生的应力场仍作用于裂隙面,使裂隙面进一步扩展,但扩展速度减小,所以主裂纹长度有所增加,部分细小裂纹发展成主裂纹,主裂纹数量增多,细小分支裂纹数量减少。

　　为了进一步定量分析裂纹的分布情况,基于图片分析软件 Image Magick 的"像素法"算出了裂纹面积占模型面积的百分比,百分比越大,说明裂纹数量、长度、分布范围等裂纹指标较好。以此定量分析在不同电压、水压条件下裂纹的发育、发展和分布范围,其结果如图 9-12 所示。

　　由图 9-12 可知,在 7 kV 的放电电压的情况下,裂纹面积所占煤样面积的百分比在

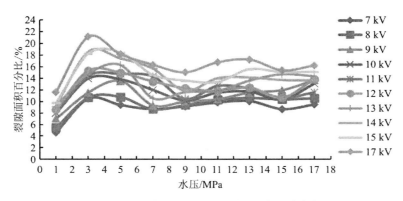

**图9-12　裂纹面积百分比随水压、电压的变化**

5%～10%的范围内变化,变化范围不大;当电压增大到17 kV以后,裂纹面积所占模型面积的百分比在12%～22%的范围内变化,百分比值提高明显,由图9-12可以看出,裂纹面积所占模型面积的百分比随着电压的升高整体呈现出增大的趋势,也就是煤体的压裂效果越来越好,这与模拟结果较吻合。

分析图9-12可知,在电压保持不变的情况下,裂纹面积所占煤岩样面积的百分比随着水压的增大总体呈现出先增后减的趋势,并有很大的波动起伏。在水压较低时(3 MPa、5 MPa)百分比较大,在10%～22%的范围内变化,在水压较大时(10 MPa以后),裂纹面积所占的百分比大约集中在8%～18%的范围内,有所降低,并且起伏较大,曲线之间有一些交叉,说明水压的增加对放电能量转化还是有了影响,这一点在第2章的理论和实验结果分析中已有详细的分析。

虽然这种方法受图形像素的影响较大,但在一定程度上还是能够反映出煤体裂纹的发育、发展和分布情况。

 # 本章小结

本章基于LS-DYNA软件,建立数值分析模型,研究了静水压力、放电电压对煤样裂纹发生、发展的影响,得到的主要结论如下:

(1)在保持静水压力不变的情况下,随着放电电压(放电能量)的增大,煤体越容易生成开度较大、长度较长、分布范围较广的径向主裂纹;相同的放电电压条件下,在水压较低时钻孔周围容易生成细小的环向分支裂纹和长度较短的主裂纹,随着水压的升高,钻孔周围分支裂纹的数量不断增加,分布范围不断扩大,主裂纹的长度也在不断增加,部分细小裂纹发展成主裂纹,主裂纹数量增多,细小分支裂纹数量减少。

(2)在水压不变的情况下,随着电压的增加,裂纹面积所占模型面积的百分比随之增加。从裂纹的效果图上也可以看到裂纹的密度、数量、延伸程度、分布范围改善明显。在水压不变的情况下,裂纹面积所占煤样面积的百分比随着水压的增大总体呈现出先增大后减小的趋势,并有很大的波动起伏。

# 第10章

# 电脉冲水力压裂煤层工程模拟研究

在前面的章节中已经对高压电脉冲水压致裂煤岩体机理、裂纹损伤断裂机理、致裂效果、裂纹扩展分布形态描述、水压及放电关键参数等内容做了详细研究,进行了室内试验和煤岩样的数值模拟研究,结果表明高压电脉冲水压致裂技术能有效促使煤岩体产生裂纹,增加煤层气的运移通道。本章在此基础上,结合工业现场煤岩层实际情况进一步进行数值模拟计算,通过数值模拟分析工业现场煤岩层中水中高压放电条件下煤岩体中的应力场分布和应力波的传播与衰减规律,验证理论分析和试验结果,进一步分析评价该技术在工业现场煤岩层中的应用效果,期望为实际工程提供一定的借鉴。

## 10.1 数值模拟计算方案

### 10.1.1 计算模型及参数选取

(1)基本假设

1)将煤岩体视为线弹性介质,体力为零,不考虑考虑爆炸热量与地应力的耦合效应以及瓦斯压力对致裂效果的影响。

2)高压电脉冲冲击波作用下煤岩体的破裂满足 Mohr-Coulomb 准则和最大拉应力准则,破裂主要发生在接触单元上,块体单元本身只发生变形。

(2)计算模型建立。为模拟水中高压电脉冲应力波对煤岩层的压裂效果,本次计算模型煤岩层物理力学性质以晋能控股装备制造集团有限公司寺河煤矿 151305 工作面煤层为基础,利用 LS-DYNA 建立了 50 m×50 m 的二维数值模型,模型简化为平面应力问题,菱形分布有 5 个圆形钻孔,钻孔直径为 400 mm,如图 10-1 所示。本次模拟中爆破单元周围的网格采用放射形网格且对爆破单元周围的网格进行了局部的细化,最小处仅50 mm,模型共划分有 371564 个实体单元,如图 10-2 所示。

(3)参数选取。模拟过程中用到的参数主要有抗拉强度、抗压强度、弹性模量、泊松比、密度、内摩擦角、剪胀角等,这些参数的获取来源于寺河煤矿地质资料。综合各种因素,获得具有代表性的材料力学参数,如表 4-2 所示。

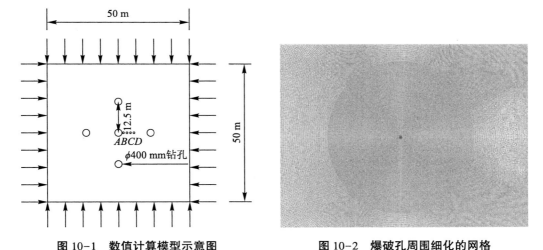

図 10-1　数値計算模型示意图　　　　　　图 10-2　爆破孔周围细化的网格

### 10.1.2　初始条件

(1)位移边界。模型两侧均为单约束边界条件,施加水平方向的约束,即边界质点只有竖向位移,没有水平位移。模型底部为固定约束边界条件,边界质点不产生位移。

(2)静力边界。根据寺河煤矿地质力学测试结果。151305 工作面水平地应力大于竖向地应力,以水平应力为主,属于构造应力场类型。水平应力为 8.66 MPa,竖向应力为 7.28 MPa。

## 10.2　相同静水压力及不同放电电压对煤层压裂效果的影响

前面的试验研究和数值模拟分析证明了 3 MPa 静水压力是水压与电压耦合作用较好的参数,本节模拟水压力继续采用 3 MPa,放电电压分别采用 25 kV、75 kV、150 kV、200 kV,分析相同静水压力,不同放电电压的煤岩层压裂效果。

为了更好地分析冲击波在煤体中的传播规律和压裂煤体的力学机理,在计算模型中心爆破孔与右侧爆破孔之间的连线上取 4 个跟踪监测点,分别记为 A、B、C、D,如图 10-1 所示,测点分别距爆炸中心点 1.5 m、3 m、4.5 m、6 m。

### 10.2.1　3 MPa 静水压力+25 kV 放电电压

3 MPa 静水压力、25 kV 放电电压条件下的煤岩层压裂效果、裂纹的分布状态和应力情况如图 10-3 所示,为了更好地分析压裂效果,以中心钻井的中心为圆心,取半径 1.5 m的圆进行局部放大分析。各监测点的应力时程,如图 10-4 所示。

在 3 MPa 静水压力与 25 kV 放电电压条件下,从裂纹整体效果图上可以看到每个钻井均有主次裂纹产生,但分布范围不大。分析爆破点周围局部放大区域,裂纹的分布大约以钻井中心为圆心,0.75 m 为半径的圆内(局部放大圆的半径为 1.5 m,大部分裂纹延伸到 0.75 m 处,但 1.5 m 处零星分布有一些短小的裂纹)。

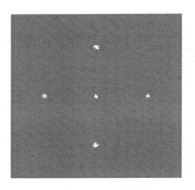

(a)煤层压裂整体效果

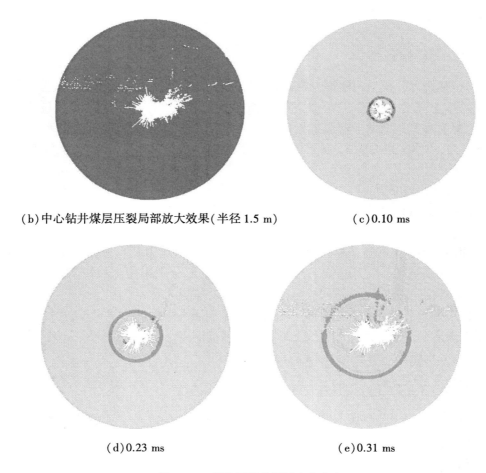

(b)中心钻井煤层压裂局部放大效果(半径 1.5 m)　　(c)0.10 ms

(d)0.23 ms　　(e)0.31 ms

图 10-3　煤层压裂效果及应力分布

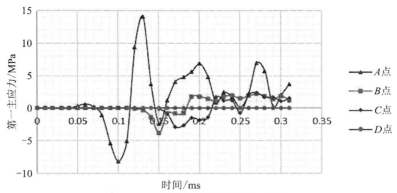

**图 10-4　各监测点应力时程曲线**

从图 10-3 不同时间的应力图可以明显看出,应力波的传播过程,在初期阶段,冲击波以规则的放射状圆形向外传播,随着时间的增加,应力波以不规则放射状向外传播,这说明冲击波沿着煤岩体内薄弱部位实现突破,产生裂纹。由图 10-3 还可以看出裂纹尖端的应力与其他部位相比数值较大,出现了应力集中现象,正是由于裂纹尖端的集中应力不断对煤体进行拉伸破坏,促使裂纹的不断向前发育。

从图 10-4 各监测点应力时程曲线可以看出,由于 $A$ 点距爆破孔距离较近,率先产生应力的波动现象,但 $A$ 点的最大压应力为 8 MPa,最大拉应力为 14 MPa,没有达到煤岩体的抗压、已经超过抗拉强度,所以 $A$ 点(距炸药中心 1.5 m)已被拉裂,与局部裂纹分布图吻合。通过三章分析,该裂纹属于 I 型裂纹,其他各点并没用出现裂纹。

## 10.2.2　3 MPa 静水压力+75 kV 放电电压

3 MPa 静水压力、75 kV 放电电压条件下的煤岩层压裂效果、裂纹的分布状态和应力情况如图 10-5 所示,为了更好地分析压裂效果,以中心钻井的中心为圆心,取半径 4 m 的圆进行局部放大分析。各监测点的应力时程,如图 10-6 所示。

在 3 MPa 静水压力与 75 kV 放电电压条件下,从裂纹整体效果图上可以看到每个钻井均有主次裂纹产生,但裂纹所分布的范围明显比 25 kV 条件下裂纹的范围大。分析爆破点周围局部区域,有一条主裂纹断续延伸到圆的边界,长度达到 4 m 左右,其他裂纹的分布在以钻井中心为圆心,大约 2 m 为半径的圆内(局部放大圆的半径为 4 m,部分裂纹延伸已经达到一半),并且次级裂纹数量众多,主次裂纹已经交织成网,煤层气渗流通道已然形成。

(a)煤层压裂整体效果

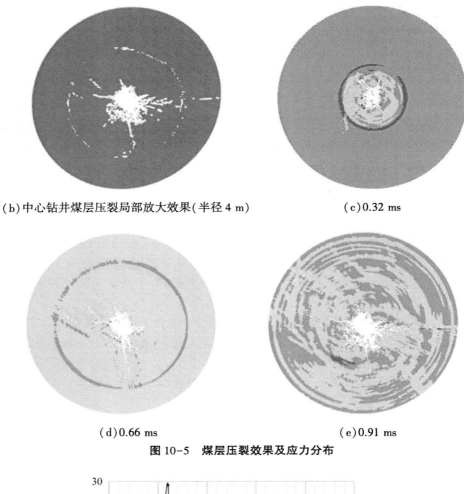

（b）中心钻井煤层压裂局部放大效果（半径4 m）　　　　（c）0.32 ms

（d）0.66 ms　　　　　　　　　　（e）0.91 ms

图 10-5　煤层压裂效果及应力分布

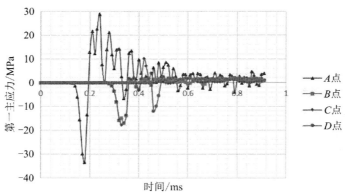

图 10-6　各监测点应力时程曲线

从图 10-5 不同时间的应力图可以明显看出,随着时间的推移,冲击波的作用范围逐渐变大,相比 25 kV 条件下,在 0.91 ms 时冲击波已经达到圆的边缘。

从图 10-6 各监测点应力时程曲线可以看出,A 点的最大压应力已经达到 34 MPa,最大拉应力为 30 MPa,远超煤岩体的抗压、抗拉强度,所以 A 点已经开裂。同样道理,B、C、

$D$ 各点的应力没有达到抗压、抗拉强度,没有开裂。从应力时程图上也可以看出,各监测点冲击波峰值压力逐渐减小,冲击波逐渐衰减。

### 10.2.3　3 MPa 静水压力+150 kV 放电电压

3 MPa 静水压力和 150 kV 放电电压条件下的煤层压裂效果、裂纹的分布状态和应力情况,如图 10-7 所示,取半径 10 m 的圆进行局部放大分析,如图 10-7(b)所示。各监测点的应力时程如图 10-8 所示。

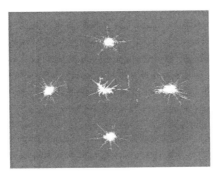

（a）煤层压裂整体效果

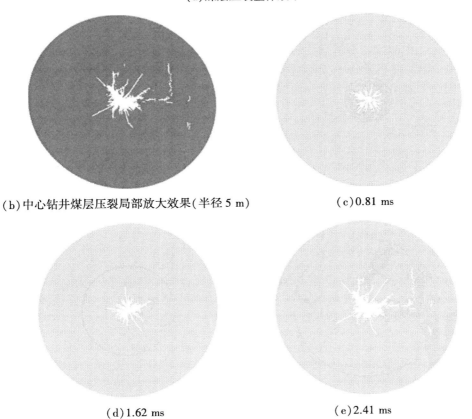

（b）中心钻井煤层压裂局部放大效果（半径 5 m）　　　（c）0.81 ms

（d）1.62 ms　　　　　　　　（e）2.41 ms

**图 10-7　煤层压裂效果及应力分布**

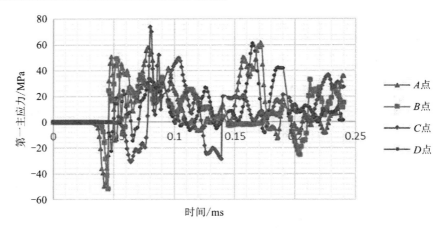

**图 10-8　各监测点应力时程曲线**

在 3 MPa 静水压力与 150 kV 放电电压条件下,相比 75 kV 放电,主裂纹数量明显增多、长度更长、分布的范围更广,次裂纹的数量相对较少。分析中心钻井的裂纹局部放大区域,有一条主裂纹断续延伸到半径的三分之二部位,长度达到 6 m 左右,其他裂纹的分布以钻井中心为圆心,大约 4 m 为半径的圆内(局部放大圆的半径为 10 m,部分裂纹延伸已经接近一半),钻井周围次级裂纹较多,并且互相交织。井间裂纹没有交织在一起,裂纹还没有贯通。

从图 10-7 不同时间的应力图可以明显看出,到 2.41 ms 时冲击波作用范围已经达到 10 m,相比 75 kV 放电条件下,冲击波传播的更广,并且应力值提高很多。

从图 10-8 各监测点应力时程曲线可以看出,$A$、$B$、$C$、$D$ 各点的最大压应力、最大拉应力压远超煤体的抗压、抗拉强度,所以 $A$、$B$、$C$、$D$ 各点已经开裂,裂纹长度超过 6 m,裂纹的延展长度增加明显。

### 10.2.4　3 MPa 静水压力+200 kV 放电电压

3 MPa 静水压力和 200 kV 放电电压条件下的煤岩层压裂效果、裂纹的分布状态和应力情况,如图 10-9 所示,取半径 10 m 的圆进行局部放大分析,如图 10-9(b)所示,各监测点的应力时程如图 10-10 所示。

从煤岩层裂纹整体分布效果图可以看出,在 3 MPa 静水压力、200 kV 放电电压条件下的煤层压裂效果非常理想,主次裂纹数量明显增多、长度更长、分布的范围更广。钻井周围主次裂纹已经形成环状网络,尤以中心钻井为最。更可喜的是,部分钻井间的裂纹已经互相交错、交织在一起,裂纹已经形成裂纹网络。这说明左右井的冲击波和中心井的冲击波叠加在一起,产生了更大的应力,煤岩体被压裂,产生了大量裂纹。

从图 10-10 各监测点应力时程曲线可以看出,$A$、$B$、$C$、$D$ 各点的最大压应力、最大拉应力都有大幅度地增加,并且远超煤体的抗压、抗拉强度,所以 $A$、$B$、$C$、$D$ 各点已经开裂,裂纹的延展长度更长。

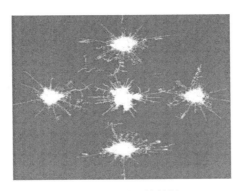

（a）煤层压裂整体效果

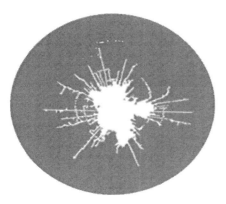

（b）中心钻井煤层压裂局部放大效果（半径为 10 m）

（c）1.97 ms

（d）4.07 ms

（e）5.61 ms

图 10-9　煤层压裂效果及应力分布

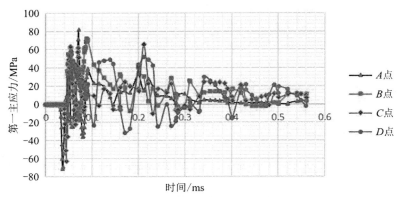

**图 10-10　各监测点应力时程曲线**

## 10.3　不同煤的物理力学性质对压裂效果的影响

为了进一步分析不同煤岩体的物理力学性质对致裂效果的影响,选取不同类型的煤岩体进行模拟分析,这些煤岩体的物理力学参数见表 10-1,这些参数的获取来源于文献[234,235]。由参考文献[236]可知,抗拉强度、抗压强度、泊松比对煤岩层致裂影响相对有限,弹性模量对致裂效果影响较大,所以本节重点研究弹性模量对煤层裂纹生成的影响。

**表 10-1　不同类型煤的物理力学参数**

| 煤样编号 | 煤样名称 | 天然密度/(kg/m³) | 抗压强度/MPa | 抗拉强度/MPa | 弹性模量/MPa | 泊松比($\mu$) | 内摩擦角/(°) |
|---|---|---|---|---|---|---|---|
| 1 | 焦煤 | 1380 | 4.94 | 0.37 | 2900 | 0.4 | 31 |
| 2 | 褐煤 | 1448 | 10.35 | 1.08 | 4000 | 0.27 | 52 |
| 3 | 寺河煤矿无烟煤 | 1515 | 19.69 | 2.53 | 11065 | 0.3 | 35 |
| 4 | 平煤六矿肥煤 | 2560 | 33.5 | 4.1 | 23400 | 0.26 | 32 |

本节计算模型的初始条件、边界条件等,与图 10-1 模型相同,煤的物理力学见表 10-1,加载条件为 3 MPa、静水压力 75 kV 放电电压,各煤岩体加载结果如图 10-11~图 10-18 所示。

（a)煤层压裂整体效果

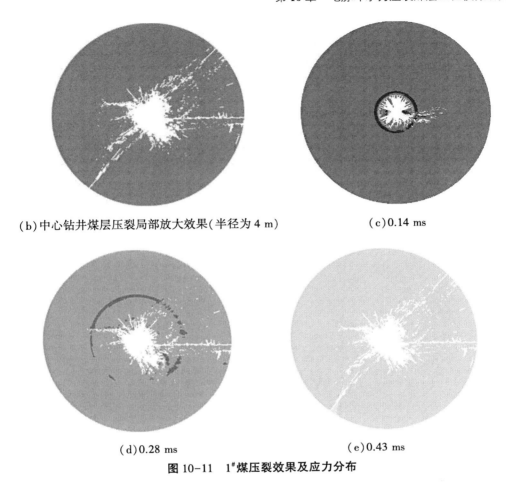

（b）中心钻井煤层压裂局部放大效果（半径为 4 m）　　　　（c）0.14 ms

（d）0.28 ms　　　　　　　　　　（e）0.43 ms

图 10-11　1#煤压裂效果及应力分布

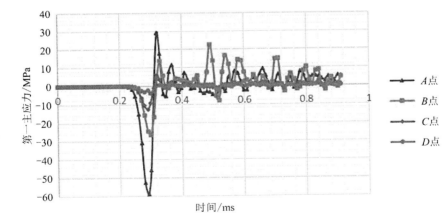

图 10-12　1#煤岩体各监测点应力时程曲线

（a）煤层压裂整体效果

（b）中心钻井煤层压裂局部放大效果（半径为 4 m）        （c）0.11 ms

（d）0.22 ms                （e）0.33 ms

图 10-13    2#煤压裂效果及应力分布

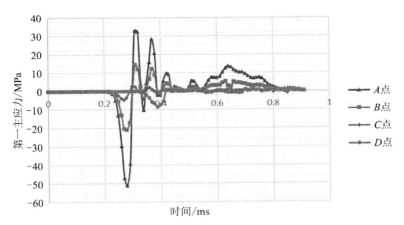

图 10-14　2#煤体各监测点应力时程曲线

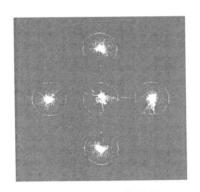

（a）煤层压裂整体效果

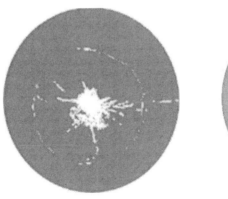

（b）中心钻井煤层压裂局部放大效果（半径 4 m）　　　　（c）0.32 ms

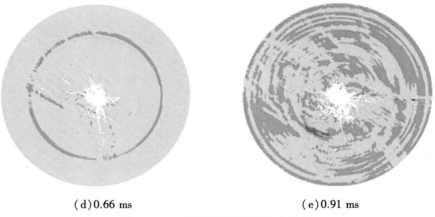

（d）0.66 ms                （e）0.91 ms

**图 10-15　3#煤压裂效果及应力分布**

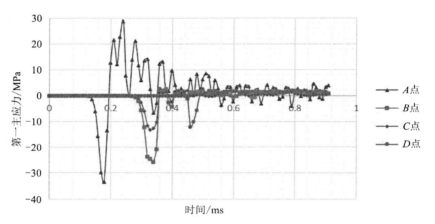

**图 10-16　3#煤体各监测点应力时程曲线**

（a）煤层压裂整体效果

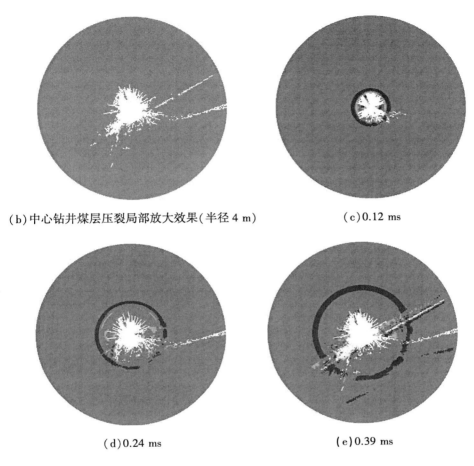

（b）中心钻井煤层压裂局部放大效果（半径 4 m） （c）0.12 ms

（d）0.24 ms （e）0.39 ms

图 10-17 4$^#$煤压裂效果及应力分布

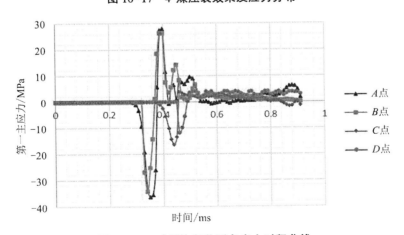

图 10-18 4$^#$煤体各监测点应力时程曲线

通过对以上图 10-11~图 10-18 的分析可知,在相同的水压、放电电压条件下,弹性模量较小(1$^#$煤岩、2$^#$煤岩)时,煤岩层的主裂纹相对较多,分布范围 1~4 m;当弹性模量较大(3#煤岩、4#煤岩)时,煤岩层的主裂纹减少剧烈,4#煤岩只有一条清晰可见、较长的裂纹,细小裂纹数量增多,但是只分布在钻井周围,分布范围减小(距钻井中心1~2 m)。这说明随着煤岩体弹性模量的增加,煤岩体的刚性越来越大,煤岩体在冲击波作用下更容易发生脆性破坏,更容易形成细小裂纹,随着煤体破碎程度的增加,冲击波衰减越来越快,就更不易形成粗大裂纹。当弹性模量继续增大时,超过了煤岩体的主要弹性模量范围后,冲击波就很难压裂煤岩体。

从冲击波应力时程图可以看出,在弹性模量较小时,1#煤岩 A、B、C 点的压力、拉力峰值均超过煤岩体的抗压、抗拉强度,A、B、C 点均已开裂,形成裂纹,裂纹长度较长;2#煤岩 A、B 点的应力超过煤岩体的抗压、抗拉强度,A、B 开裂,形成裂纹,裂纹长度相对 1#煤岩有所减小,C、D 未能开裂。当弹性模量较大时,3#、4#煤岩的 A、B 点的应力也超过各自煤岩体的抗压、抗拉强度,A、B 开裂。究其原因,3#、4#煤只有 1~2 条主裂纹,A、B 点恰好在主裂纹扩展方向上,形成裂纹,C、D 未能开裂,裂纹分布图也验证了这一点。

 ## 本章小结

本章利用 LS-DYNA 软件,模拟了相同静水压力、不同放电电压条件、煤岩体的不同物理力学参数等因素对水中高压电脉冲应力波作用下工程现场煤岩裂隙扩展的影响,得到以下结论:

(1)在 3 MPa 静水压力下,煤岩破裂半径和破裂面积、裂纹的分布密度、裂纹的数量、裂纹的长度都随放电电压(放电能量)的增加表现出增大的趋势,裂纹的形态更加复杂化,当电压增大到 200 kV 时,试验井间裂纹已经贯通,交织成网,达到了煤岩层增透,增加煤层气渗流、运移通道的目的。这与前面理论分析、煤岩样室内试验、煤岩样数值模拟计算结果基本一致。

(2)由煤岩体各监测点应力时程曲线可以得到,模拟典型的水下爆炸冲击波与水中高压电脉冲冲击波传播、衰减规律相似。作用形式是先产生压应力,并达到应力峰值,后变成拉应力,达到峰值,然后随着距离钻井中心位移的增加而逐渐衰减,其作用机理是冲击波的峰值压应力超过煤岩体的抗压强度,冲击波近区煤岩体形成压剪破坏,形成 II 型裂纹。随着破碎煤体的波阻抗增加,冲击波衰减成应力波,当应力波的峰值拉应力超过煤岩体的最大拉应力,裂纹尖端拉应力促使裂纹扩展,形成 I 型裂纹。这也间接证明了煤岩体中的裂纹是一种以 I、II 型为主的复合型裂纹。

(3)弹性模量是影响裂纹形成的重要的力学参数,对煤岩体裂纹形态形成有较大的影响。弹性模量越小,煤岩体越容易形成宽度大、延展度好的径向主裂纹;弹性模量越大,煤岩体的刚性越大,煤岩体越易破碎,越容易形成宽度小、长度短、放射状的环向细小裂纹。随着弹性模量的增大,煤岩体破裂半径、破裂面积和破裂度表现出减小的趋势。

# 参考文献

［1］作者不详.世界及中国煤层气储量［J］.能源与节能,2018(08):7.

［2］舟丹.中国页岩气储量世界第一［J］.中外能源,2019,24(01):8.

［3］路盼盼,杨昌华,柳文欣,等.页岩气压裂技术研究进展［J］.精细石油化工进展,2022,23(02):34-37.

［4］李向上.聚能爆破致裂机理及其影响因素研究［D］.北京:中国矿业大学,2021.

［5］楚亚培.液氮冻融煤体孔隙裂隙结构损伤演化规律及增渗机制研究［D］.重庆:重庆大学,2020.

［6］樊世星.液态 $CO_2$ 压裂煤岩增透及裂缝形成机制研究［J］.岩石力学与工程学报,2021,40(08):1728.

［7］黄炳香,程庆迎,刘长友,等.煤岩体水力致裂理论及其工艺技术框架［J］.采矿与安全工程学报,2011,28(2):167-173.

［8］李贤忠,林柏泉,翟成,等.单一低透煤层脉动水力压裂脉动波破煤岩机理［J］.煤炭学报,2013,38(06):918-923.

［9］鲍先凯.高压电脉冲水压压裂煤体机理及实验研究［D］.太原:太原理工大学,2018.

［10］谢逸峰.页岩水力压裂裂缝损伤扩展规律研究［D］.阜新:辽宁工程技术大学,2021.

［11］刘曰武,高大鹏,李奇,等.页岩气开采中的若干力学前沿问题［J］.力学进展,2019,49(00):1-236.

［12］王耀锋.中国煤矿瓦斯抽采技术装备现状与展望［J］.煤矿安全,2020,51(10):67-77.

［13］XU J Z, ZHAI C, QIN L. Mechanism and application of pulse hydraulic fracturing in improving drainage of coalbed methane［J］. Journal of Natural Gas Science and Engineering, 2017, 40:79-90.

［14］陈江湛,曹函,孙平贺,等.三轴加载下煤岩脉冲水力压裂扩缝机制研究［J］.岩土力学,2017,38(04):1023-1031.

［15］张宏源,黄中伟,李根生,等.煤岩径向井-脉动水力压裂裂缝扩展规律与声发射响应特征［J］.石油学报,2018,39(04):472-481.

［16］蔡永乐,付宏伟.水压爆破应力波传播及破煤岩机理实验研究［J］.煤炭学报,2017,42(04):902-907.

［17］YANG J X, LIU C Y. Experimental Study and Engineering Practice of Pressured Water Coupling Blasting［J］. Shock and Vibration, 2017(6):1-12.

［18］乔奕炜.煤层气超声波增产可行性研究［D］.成都:西南石油大学,2018.

［19］祝效华,罗云旭,刘伟吉,等.等离子体电脉冲钻井破岩机理的电击穿实验与数值模拟方法[J].石油学报,2020,41(9):1146-1162.

［20］解广润.电水锤效应[M].上海:上海科学技术出版社,1962.

［21］CLEVELAND R O,BAILEY M R,FINEBERG N,et al. Design and characterization of a research electrohydraulic lithotripter patterned after the Dornier HM3[J].Review of Scientific Instruments,2000,71(6):2514-2525.

［22］VOITENKO N,YUDIN A S. Mobile Electric-Discharge Blasting Unit for Splitting off and Destruction of Rocks and Concrete[J].Key Engineering Materials,2016,685:705-709.

［23］张雷,邓琦林,周锦进.液电效应除垢机理分析与试验研究[J].大连理工大学学报,1998(2):87-91.

［24］王志超,谢小敏,王心竹.油气增产技术现状及发展方向分析[J].石油化工应用,2021,40(9):1-4+11.

［25］卞德存. 静水压下脉冲放电冲击波特性及其岩体致裂研究[D].太原:太原理工大学,2018.

［26］鲍先凯,杨东伟,段东明,等.高压电脉冲水力压裂法煤层气增透的试验与数值模拟[J].岩石力学与工程学报,2017,36(10):2415-2423.

［27］GIDLEY J L,HOLDITCH S A,NIERODE D E, et al. Recent advances in hydraulic fracture[J].Society Petroleum Engineering Monograph,1989:452.

［28］李志.苏联水力压裂抽放瓦斯资料[J].煤矿安全,1981(1):33.

［29］叶芳春.水力压裂技术进展[J].钻采工艺,1995,18(1):33-38.

［30］杨秀夫,刘希圣,陈勉,等.国内外水力压裂技术现状及发展趋势[J].钻采工艺,1998,21(4):27-31+4.

［31］程英姿,周政权.水力压裂技术新进展[J].江汉石油职工大学学报,2009,22(6):61-64+67.

［32］郭启文,韩炜,张文勇,等.煤矿井下水力压裂增透抽采机理及应用研究[J].煤炭科学技术,2011,39(12):60-64.

［33］李黎,阮欣,滕国伟.水力压裂技术提高煤层透气性研究及应用[J].煤矿现代化,2011(5):28-29.

［34］张高群,刘通义.煤层压裂液和支撑剂的研究及应用[J].油田化学,1999,16(1):18-21.

［35］李同林.煤岩层水力压裂造缝机理分析[J].天然气工业,1997,17(04):62-65+7.

［36］姚飞,王晓泉.水力裂缝起裂延伸和闭合的机理分析[J].钻采工艺,2000,23(2):23-26.

［37］MCDARIEC B W. Hydraulic Fracturing Techniques Used for stimulation of Coalbed Methane Wells[J].Society of Petroleum Engineers,SPE21292:1-7.

［38］杨天鸿,唐春安,刘红元,等.水压致裂过程分析的数值试验方法[J].力学与实践,2001,23(5):51-54.

［39］ MAGUIRE-BOYLE S J, BARRON A R. Organic compounds in produced waters from shale gas wells［J］. Environmental Science. Processes & impacts, 2014, 16（10）: 2237-2248.

［40］ 郝艳丽, 王河清, 李玉魁. 煤层气井压裂施工压力与裂缝形态简析［J］. 煤田地质与勘探, 2001, 29（3）: 20-22.

［41］ 张金成, 王小剑. 煤层压裂裂缝动态法检测技术研究［J］. 天然气工业, 2004, 25（5）: 107-109.

［42］ LI Q, LU Y Y, GE Z L. A New Tree-Type Fracturing Method for Stimulating Coal Seam Gas Reservoirs［J］. Energies, 2017, 10（9）: 468-477.

［43］ 黄炳香. 煤岩体水力致裂弱化的理论与应用研究［J］. 煤炭学报, 2010, 35（10）: 1765-1766.

［44］ 黄炳香. 煤岩体水力致裂弱化的理论与应用研究［D］. 徐州: 中国矿业大学, 2010.

［45］ 翟成, 李贤忠, 李全贵. 煤层脉动水力压裂卸压增透技术研究与应用［J］. 煤炭学报, 2011, 36（12）: 1996-2001.

［46］ 林柏泉, 李子文, 翟成, 等. 高压脉动水力压裂卸压增透技术及应用［J］. 采矿与安全工程学报, 2011, 28（3）: 452-455.

［47］ 赵振保. 变频脉冲式煤层注水技术研究［J］. 采矿与安全工程学报, 2008, 25（4）: 486-489.

［48］ 尤特金. 液电效应［M］. 北京: 科学出版社, 1962.

［49］ 杨世东, 史富丽, 马军, 等. 水中高压脉冲放电机理与效能［J］. 工业水处理, 2005, 25（8）: 5-9.

［50］ JOSHI A A. Formation of hydroxyl radicals, hydrogen perox-ides andaqueous electrons by pulsed streamer corona discharge inaqueous solution［J］. J. Hazardous Materials, 1995, 41（1）: 3-30

［51］ 卢新培, 潘垣, 张寒虹. 水中脉冲放电的电特性与声辐射特性研究［J］. 物理学报, 2002, 51（7）: 1549-1553.

［52］ 刘强. 水中脉冲电晕放电研究［D］. 北京: 中国科学院研究生院（电工研究所）, 2006.

［53］ 刘强, 孙鹞鸿, 严萍, 等. 水中脉冲电晕放电的声学特性研究［J］. 高电压技术, 2007, 33（2）: 59-61.

［54］ 左公宁. 水中脉冲电晕放电的某些特性［J］. 高电压技术, 2003, 29（8）: 37-38+56.

［55］ 秦曾衍, 左公宁, 等. 高压强脉冲放电及其应用［M］. 北京: 北京工业出版社, 2000.

［56］ 吴为民, 黄双喜. 高功率脉冲水中放电的应用及其发展［J］. 现代电子技术, 2003（5）: 85-89.

［57］ 文岳中, 姜玄珍, 刘维屏. 高压脉冲放电与臭氧氧化联用降解水中对氯苯酚［J］. 环境科学, 2002（2）: 73-76.

［58］ WILLBERG D M, LANG P S, KRATEL, et al. Degradation of 4-chlorophenol, 3, 4-dichloroanil-ne and 2.4.6-trinitrotoluene in an electro-hydraulic discharge reactor［J］. Environ Sci Tech,1996,30:25-26+34.

[59] ROBERTS R M,COOK J A, ROGERS R L. The energy partition of underwater sparks [J].Journal of the Acoustical Society of America,1996,99(6):3465-3475.

[60] COOK J A,GLEESON A M, ROBERTS R M. A spark-generated bubble model with semi-empirical mass transport[J]. Journal of the Acoustical Society of America.1997, 101:1908-1920.

[61] 孙鹬鸿,左公宁.传输式大功率电火花震源在浅水中及井中的压力波形及频谱分析 [J].应用声学,2000,19(6):40-44.

[62] 孙鹬鸿,左公宁,姚儒彬,等.井下电脉冲仪的电特性[J].电工电能新技术,2000(3): 55-59.

[63] 左公宁.电火花声源的某些特性[J].应用声学,2003,22(6):24-28.

[64] 付荣耀,孙鹬鸿,樊爱龙,等.高压电脉冲在页岩气开采中的压裂实验研究[J].强激 光与粒子束,2016,28(7):192-196.

[65] 卢新培,潘垣.水中放电等离子体特性的理论研究[J].应用基础与工程科学学报, 2000,8(3):310-316.

[66] 鲜于斌,卢新培.等离子体射流的推进机理[J].高电压技术,2012,38(7):1667-1676.

[67] 卢新培,潘垣,刘克富,等.水中放电等离子体状态方程的理论研究[J].高压物理学 报,2001,15(2):103-110.

[68] 许大鹏.用于放电水处理中的新型双向窄脉冲高压电源的研制[D].大连:大连理工 大学,2005.

[69] SUGIARTO A T, OHSHIMA T, SATO M.Advanced oxidation processes using pulsed streamer corona discharge in water[J]. Thin Solid Films.2002,407(1):174-178.

[70] LUKES P, CLUPEK M, BABICKY V, et al.Generation of ozone by pulsed coronadischarge over water surface in hybrid gas-liquid electrical discharge reactor[J].Journal of Physics, D. Applied Physics:A Europhysics Journal, 2005,38(3):409-416.

[71] 叶齐政,万辉,雷燕,等.放电等离子体水处理技术中的若干问题[J].高电压技术, 2003,29(4):32-34.

[72] 张丽,朱小梅,孙冰.高压脉冲气液同时放电对甲基橙的脱色[J].河北大学学报(自 然科学版),2007,27(6):642-645.

[73] 胡祺昊,王黎明,关志成,等.脉冲电流处理印染废水的研究[J].高压电器,2001,37 (6):11-13.

[74] 王占华.介质阻挡放电耦合电晕放电低温等离子及其对含染料废水脱色研究 [D].长春:东北师范大学,2009.

[75] 杜启蒙.液电效应及其应用[J].江苏电器,2008(7):59-62.

[76] 王兵.液电效应及其应用[J].科技创新导报,2009(22):52-53.

[77] RISCH D,GERSTEYN G, DUDZINSIK W, BEERWALD C, et al. Design and analysis of a deep drawing and in-poreess eleetromagnetic sheet metal forming Poreess[C].Pro-

ceedings of 3rd International Conference on High Speed Forming. Dortmund,2008:
201-212.

[78] 张赟阁,庞桂兵,卜繁岭,等.液电成形技术研究进展[C]//第15届全国特种加工学术会议论文集(下).中国机械工程学会特种加工分会,2013:6.

[79] 裴彦良,王揆洋,李官保,等.海洋工程地震勘探震源及其应用研究[J].石油仪器,2007,21(2):20-23+98.

[80] 佟训乾,林君,姜弢,等.陆地可控震源发展综述[J].地球物理学进展,2012,27(05):1912-1921.

[81] 孙锋.海洋电磁式可控震源关键技术研究[D].长春:吉林大学,2009.

[82] 刘洪斌,陈如恒.地震勘探震源的历史与发展[J].石油机械,1997,25(8):43-52.

[83] 陶知非.世纪之交论可控震源的发展与变化[J].物探装备,2000,10(1):1-6+49.

[84] 朱金龙.高压脉冲人体结石破碎技术研究[D].沈阳:沈阳理工大学,2016.

[85] 潘慈康.体外冲击波碎石原理及临床应用[M].成都:四川科学技术出版社,1991.

[86] CHAUSSY C,EISENBERGER F,WANNER K,et al. The use of shock waves forthe destruction of renal calculi without direct contact[J].Urological Research,1976,4:175.

[87] CHAUSSY C,BRENDEL W,SCHMIEDT E. Extracorporeally induced de-struction of kidney stones by shock waves[J].Lancet,1980,2(8207):1265-1268.

[88] CHAUSSY C,SCHMIDT E,JOCHAM D. Extracorporeal shock wave lithotripsy:a new aspect in the treatment of kidney stones[M]. Current Status of Clinical Organ Transplantation. Springer Netherlands,1984:305-317.

[89] CHAUSSY C, SCHMIEDT E, JOCHAM D, et al. First Clinical Experierce with extra-corporeally induced destruction of kidney stones by shock wave[J].J Uprology,1982,167(2):1957-1960.

[90] 程跃,严泽军.复杂性肾结石治疗方法的选择[J].中华外科杂志,2009,47(4):264-266.

[91] 吴弘,周绮帆.KDE-2型多功能体外冲击波碎石机的特点及其应用[C].中国科学院电工研究所论文报告集,1992,12(24):144-149.

[92] 王炳生.体外震波碎石治疗胆结石进展[C].全国胆系碎石溶石排石学术会议资料汇编,1990,5:5-10.

[93] 黄国良.高压脉冲放电碎岩的研究[D].武汉:华中科技大学,2013.

[94] 周程.电脉冲碎石装置研究[D].武汉:华中科技大学,2016.

[95] 刘俊,彭朝钊,何孟兵.一种实用型高压脉冲重频破碎装置[J].中国科技信息,2016(22):62-63.

[96] 方正忠,陈夫,钱树生.水电效应法无损检测桩基的原理及其应用[J].广东水电科技,1990(4):19-30.

[97] 李达祥,杨保安.检验桩基质量的水电效应法[J].岩石力学与工程学报,1987,6(1):64-68.

[98] 李冬霜.高压脉冲放电扩桩机理及试验研究[D].长春:吉林大学,2011.

[99] 陈晨.高压脉冲放电技术在基础工程中的应用[C]//中国水利学会地基与基础工程专业委员会第十一次全国学术技术研讨会论文集.中国水利学会地基与基础工程专业委员会,2011:565-570.

[100] 田宇,郭庆.振动采油法处理油层技术综述[J].内蒙古石油化工,2008(16):48-50.

[101] 秦琼.高压电脉冲解堵技术研究[D].西安:西安石油大学,2017.

[102] 韩波,王新新,郭志刚,等.脉冲大电流放电技术在疏通油井上的应用[J].电工电能新技术,1998(1):38-42.

[103] 陈建华,王恺,张燕,等.低频电脉冲采油工程设备的开发与应用[J].河南石油,2002,16(3):45-47+4.

[104] 孙鹬鸿,孙广生,严萍,等.高压电采油技术发展[J].高压电技术,2002,28(1):41~44.

[105] 章志成.高压脉冲放电破碎岩石及钻井装备研制[D].杭州:浙江大学,2013.

[106] 李晓惠,吴杰,白象忠.高压强脉冲电流对金属裂纹的止裂效果[J].钢铁研究学报,2006,18(8):53-57.

[107] 白象忠,胡宇达,谭文锋,等.电磁热效应裂纹止裂研究的进展[J].力学进展,2000,30(4):546-557.

[108] DOUGILL J W. Mechanics in Engineering[M].ASCE·EMD,1976:333-355.

[109] GRADY D E, KIPP M E. Continuum modelling of explosive fracture in oil shale[J]. 1980, 17(3):147-157.

[110] TAYLOR L M, CHEN E P, KUSZMAUL J S. Microcrack-induced damage accumulation in brittle rock under dynamic loading[J]. Computer Methods in Applied Mechanics and Engineering, 1986, 55(3):301-320.

[111] BUDIANSKY B, O" CONNELL R J. Elastic moduli of a cracked solid[J]. International Journal of Solids and Structures, 1976, 12(2):81-97.

[112] KUSZMAUL J S. A new constitutive model for fragmentation of rock under dynamic loading[C]//Proc of 2nd International Symposium on Frag by Blasting, Keystone Canada,1987:412-423.

[113] THORNE B J, HOMMERT P J, BROWN B. Experimental and computational investigation of the fundamental mechanisms of cratering [C]//Proc 3rd International Symposium on Frag by Blasting, Brisbane, 1990:117-124.

[114] HUANG C, SUBHASH G, VITTON S J. A dynamic damage growth model for uniaxial compressive response of rock aggregates[J]. Mechanics of Materials, 2002, 34(5):267-277.

[115] ZUO Q H, DISILVESTRO D, RICHTER J D. A crack-mechanics based model for damage and plasticity of brittle materials under dynamic loading[J]. International Journal of Solids and Structures, 2010, 47(20):2790-2798.

［116］ ZHOU X P. Dynamic damage constitutive relation of mesoscopic heterogenous brittle rock under rotation of principal stress axes［J］. Theoretical and Applied Fracture Mechanics, 2010, 54(2):110−116.

［117］ ZHOU, X P, LI, et al. Constitutive relationship of brittle rock subjected to dynamic uniaxial tensile loads with microcrack interaction effects［J］. Theoretical & Applied Fracture Mechanics, 2009, 52(3):140−145.

［118］ 杨军,王树仁.岩石爆破分形损伤模型研究［J］.爆炸与冲击,1996(1):5−10.

［119］ 索永录.坚硬顶煤弱化爆破的宏观损伤破坏程度研究［J］.岩土力学,2005(6):893−895.

［120］ 代高飞,尹光志,皮文丽.单轴压缩荷载下煤岩的弹脆性损伤本构模型［J］.同济大学学报(自然科学版),2004(8):986−989.

［121］ 赵万春,艾池,李玉伟,等.基于损伤理论双重介质水力压裂岩体劣化与孔渗特性变化理论研究［J］.岩石力学与工程学报,2009,28(S2):3490−3496.

［122］ 王宁. 增透抽采瓦斯煤岩体裂隙演化及蠕变失稳机理研究［D］.西安:西安科技大学,2014.

［123］ 穆朝民,宫能平.煤体在冲击荷载作用下的损伤机制［J］.煤炭学报,2017,42(8):2011−2018.

［124］ 沈春明.围压下切槽煤体卸压增透应力损伤演化模拟分析［J］.煤炭科学技术,2015,43(12):51−56+50.

［125］ 王向宇,周宏伟,钟江城,等.三轴循环加卸载下深部煤体损伤的能量演化和渗透特性研究［J］.岩石力学与工程学报,2018,37(12):2676−2684.

［126］ 王恩元,孔祥国,何学秋,等.冲击载荷下三轴煤体动力学分析及损伤本构方程［J］.煤炭学报,2019,44(7):2049−2056.

［127］ 杨英明,陶春梅,郭奕宏,等.动静组合加载下煤体损伤及力学特性研究［J］.采矿与安全工程学报,2019,36(1):198−206.

［128］ GRIFFITH A A. The phenomena of rupture and flow in solids［J］.Philosophical Transactions of the Royal Society of London,1921,221(582−593):163−198.

［129］ IRWIN G R. Crack−extension force for a part−through crack in a plate［J］.Journal of Applied Mechanics,1962,29(4):651−654.

［130］ IRWIN G R. Analysis of stresses and strains near the end of a crack traversing a plate［J］.ASME Journal of Applied Mechanics,1957,24(3):361−364.

［131］ RICE J R. A Path Integral and the Approximate Analysis of Strain Concentration by Notches and Cracks［J］.Journal of Applied Mechanics,1968,35(2):379−386.

［132］ CHEREPANOV G P. Cracks propagation in continuous media［J］.Journal of Applied Mathematics and Mechanics,1967,44(4):631−636.

［133］ 李群,欧卓成,陈宜亨.高等断裂力学［M］.北京:科学出版社,2017.

［134］ 黄荣搏.水力压裂裂缝的起裂和扩展［J］.石油勘探与开发,1982(5):62−74.

[135] 李宾元.断裂力学对油气井"水力压裂"的破裂压力分析[J].西南石油学院学报,
1984(1):23-36.

[136] 杨丽娜,陈勉.水力压裂中多裂缝间相互干扰力学分析[J].石油大学学报(自然科学版),2003(3):43-45+6.

[137] 程远方,曲连忠,赵益忠,等.考虑尖端塑性的垂直裂缝延伸计算[J].大庆石油地质与开发,2008(1):102-105.

[138] 曹平,杨慧,江学良,等.水岩作用下岩石亚临界裂纹的扩展规律[J].中南大学学报(自然科学版),2010,41(2):649-654.

[139] SHOJAEI A, TALEGHANI A D, LI G. A Continuum Damage Failure Model for Hydraulic Fracturing of Porous Rocks[J].International Journal of Plasticity,2014,59(8):199-212.

[140] 赵凯凯,姜鹏飞,冯彦军,等.基于最大周向拉应力准则的水力裂纹起裂特征研究[J].采矿与岩层控制工程学报,2021,3(2):14-22.

[141] 施明明,张友良,谭飞.修正应变能密度因子准则及岩石裂纹扩展研究[J].岩土力学,2013,34(5):1313-1318.

[142] 李克钢,王庭,秦庆词,等.基于修正最小应变能密度因子准则下的 I 型裂纹研究[J].应用力学学报,2020,37(6):2664-2670+2712.

[143] 杨立云,王青成,王宇伟,等.材料线弹性断裂力学的断裂准则研究进展[J].科技导报,2020,38(2):59-68.

[144] TANG S B. The effect of T-stress on the fracture of brittle rock under compression[J]. International Journal of Rock Mechanics and Mining Sciences, 2015,79:86-98.

[145] RINNE M. Fracture mechanics and subcritical crack growth approach to model time-dependent failure in brittle rock [M]. Helsinki:Helsinki University of Technology, 2008.

[146] CHUPRAKOV D A, AKULICH A V, SIEBRITS E, et al. Hydraulic-Fracture Propagation in a Naturally Fractured Reservoir[J]. Spe Production & Operations, 2010, 26(1):88-97.

[147] 李晓璇.基于最大能量释放率理论的裂缝扩展转向研究[D].黑龙江:东北石油大学,2019.

[148] 王志荣,宋沛,温震洋,等.水力压裂近井区裂缝转向扩展机理[J].科学技术与工程,2020,20(34):14053-14059.

[149] WEN CHEN, OLIVIER MAUREL, THIERRY REESS, et al. Experimental study on an alternative oilstimul-anon technique for tight gas reservoirs based on dynamic shock waves generated by Pulsed Arc Electrohydraulic Discharges[J]. Journal of Petroleum Science and Engineering, in press Accepted manuscript,2012.

[150] 尹志强.水中高压脉冲放电的液电特性及煤体致裂效果研究[D].太原:太原理工大学,2016.

［151］ 阙梦辉.基于高压电脉冲水压致裂的煤层瓦斯致裂增透效果研究［D］.包头:内蒙古科技大学,2014.

［152］ 卞德存.静水压下脉冲放电冲击波特性及其岩体致裂研究［D］.太原:太原理工大学,2018.

［153］ 贾少华.基于液电效应的水激波时域特性及煤体致裂效果研究［D］.太原:太原理工大学,2016.

［154］ 刘欢欢.低渗透性煤层气解吸机理及增透效果试验研究［D］.包头:内蒙古科技大学,2015.

［155］ 李培培.钻孔注水高压电脉冲致裂瓦斯抽放技术基础研究［D］.太原:太原理工大学,2010.

［156］ 付荣耀,孙鹬鸿,樊爱龙,等.高压电脉冲在页岩气开采中的压裂实验研究［J］.强激光与粒子束,2016,28(7):192-196.

［157］ 鲍先凯,段东明,曹嘉星,等.低渗透性煤体电脉冲水压致裂效果及规律研究［J］.油气藏评价与开发,2018,8(5):64-69.

［158］ 鲍先凯,曹嘉星,段东明,等.水中脉冲放电压裂抽采煤层气机理与数值模拟研究［J］.油气藏评价与开发,2019,9(2):71-74.

［159］ BAO X, CAO J, ZHENG W, et al. Study on the Damage Model of Coal Rock Caused by Hydraulic Pressure and Electrical Impulse in Borehole［J］. Geofluids, 2021, 2021(3):1-19.

［160］ BAO X K, GUO J Y, LIU Y, et al. Damage characteristics and laws of micro-crack of underwater electric pulse fracturing coal-rock mass［J］. Theoretical and Applied Fracture Mechanics, 2021, 111(5):1-17.

［161］ 鲍先凯,刘源,郭军宇,等.煤岩体在水中高压放电下致裂效果的定量评价［J］.岩石力学与工程学报,2020,39(4):715-725.

［162］ 周晓亭,秦勇,李恒乐,等.电脉冲应力波作用下煤体微裂隙形成与发展过程［J］.煤炭科学技术,2015,43(2):127-130+143.

［163］ 刘振平.工程地质三维建模与计算的可视化方法研究［D］.武汉:中国科学院武汉岩土力学研究所,2010.

［164］ LORENSEN W E, CLINE H E. Marching Cubes: a high resolution 3D surface construction algorithm［J］. ACM Computer Graphics, 1987, 21(4):163-169.

［165］ NIELSON G M, FOLEY T A. Visualizing and Modeling Scattered Multivariate Data［J］. IEEE Computer Graphics and Applications, 1991, 11(3):83-91.

［166］ NIELSON G M, HAMANN B. The Asymptotic Decider: Resolving the Ambiguity in Marching Cubes［J］. IEICE Transaction, 74(1):214-327.

［167］ GREGORY M, NEILSON, BERND HAMANN. The Asymptotic Decider: Resolving Ambiguity in Marching Cubes［J］. Proc. IEEE Visualization, 1991:83-91.

［168］马微.基于岩石薄片图像的多孔介质三维重构研究［D］.西安:西安石油大学,2014.

[169] 彭博,蒋阳升,蒲云.基于数字图像处理的路面裂缝自动分类算法[J].中国公路学报,2014, 27(9):10-19.

[170] 王占棋.岩体裂隙结构量化及其三维形态表征研究[D].合肥:合肥工业大学,2017.

[171] 张洁莹.岩石细观损伤可视化系统开发及孔裂隙结构演化规律研究[D].太原:太原理工大学,2019.

[172] 张飞,周海东,姜军周.岩石CT断层序列图像裂纹三维重建及其损伤特性的研究[J].黄金,2010,31(7):25-29.

[173] 王登科,张平,浦海,等.温度冲击下煤体裂隙结构演化的显微CT实验研究[J].岩石力学与工程学报,2018,37(10):2243-2252.

[174] 李果,张茹,徐晓炼,等.三轴压缩煤岩三维裂隙CT图像重构及体分形维研究[J].岩土力学,2015,36(6):1633-1642.

[175] 张平,王登科,于充,等.基于工业CT扫描的数字煤心构建过程及裂缝形态表征[J].河南理工大学学报(自然科学版),2019,38(6):10-16.

[176] 刘俊新,杨春和,冒海军,等.基于CT图像处理的泥页岩裂纹扩展与演化研究[J].浙江工业大学学报,2015,43(1):66-72.

[177] 王本鑫,金爱兵,赵怡晴,等.卸围压条件下花岗岩强度特性及三维裂隙演化规律[J].哈尔滨工业大学学报,2020,52(11):137-146.

[178] 张禄荪.液电爆炸及其应用[J].电工电能新技术,1983(04):40-46.

[179] 张凯,孙红梅.用Mason计算针板电极场强大小的适用性分析[J].东北电力技术,2016,37(6):27-30+34.

[180] 孙冰.液相放电等离子体及其应用[M].北京:科学出版社,2013.

[181] 宗智,赵延杰,邹丽.水下爆炸结构毁伤的数值计算[M].北京:科学出版社,2014.

[182] 沈章洪,王小杰.粘弹性介质P波反射透射系数近似及对比分析[J].地球物理学进展,2013,28(1):257-264.

[183] 李夕兵.岩石动力学基础与应用[M].北京:科学出版社,2014.

[184] 程靳,赵树山.断裂力学[M].北京:科学出版社,2006.

[185] 温华兵,王国治.水下爆炸作用下船舱浮筏系统的冲击响应试验研究[J].华东船舶工业学院学报(自然科学版),2005(4):6-10.

[186] SHARON E, GROSS S P, FINEBERG J. Local crack branching as a mechanism for instability in dynamic fracture[J].Physical Review Letters,1995, 74(25):5096.

[187] 张阿漫,姚熊亮,闻雪友.自由场水中爆炸气泡的物理特性[J].爆炸与冲击,2008,28(5):391-400.

[188] 李健,荣吉利,杨荣杰,等.水中爆炸冲击波传播与气泡脉动的实验及数值模拟[J].兵工学报,2008,29(12):1437-1443.

[189] 楚泽涵,徐凌堂,高明,等.井下超声和高压放电——油井增产的有效措施[J].特种油气藏,2008(1):84-87+91+109.

[190] 王仁东.断裂力学理论与应用[M].北京:化工出版社,1985.

［191］杨卫.宏微观断裂力学［M］.北京：国防工业出版社，1995.

［192］郦正能，张纪奎.工程断裂力学［M］.北京：北京航空航天大学出版社，2012.

［193］臧启山，姚戈.工程断裂力学简明教程［M］.合肥：中国科学技术大学出版社，2014.

［194］郑福良.含瓦斯煤体爆破裂隙发展规律的探讨［J］.问题探讨，1997(2)：23-26.

［195］穆朝民，潘飞.煤体在爆炸荷载和地应力耦合作用下裂纹扩展的数值模拟［J］.高压物理学报，2013，27(3)：403-410.

［196］李世愚，和泰名，尹祥础，等.岩石断裂力学导论［M］.合肥：中国科学技术大学出版社，2010.

［197］梁冰.煤和瓦斯突出固流耦合失稳理论［M］.北京：地质出版社，2000.

［198］王礼立，任辉启，虞吉林，等.非线性应力波传播理论的发展及应用［J］.固体力学学报，2013，34(3)：217-240.

［199］IMOMNAZAROV K K, MATEROSYAN A K. The diffraction of a unstationary SH-wave on a semi-infinite crack in a popous elastic medium，Appl［J］.Math.Lett，2002，15：163-166.

［200］FREUND L B. Dynamic Fracture Mechanics［M］.London：Cambridge University Press，1990.

［201］DENG H, NEMAT-NASSER S. Dynamic damage evolution in brittle solids［J］.Mechanics of Materials，1992，14(2)：83-103.

［202］Meyers M A.Dynamic behavior of materials［M］.New York：Wiley&Sons，1994.

［203］张盛，王启智，梁亚磊.裂缝长度对岩石动态断裂韧度测试值影响的研究［J］.岩石力学与工程学报，2009，28(8)：1691-1696.

［204］李江腾，古德生，曹平，等.岩石断裂韧度与抗压强度的相关规律［J］.中南大学学报（自然科学版），2009，40(6)：1695-1699.

［205］李宗利，张宏朝，任青文，等.岩石裂纹水力劈裂分析与临界水压计算［J］.岩土力学，2005(8)：1216-1220.

［206］周家文，徐卫亚，石崇.基于破坏准则的岩石压剪断裂判据研究［J］.岩石力学与工程学报，2007(6)：1194-1201.

［207］周群力.岩石压剪断裂判据及其应用［J］.岩土工程学报，1987(3)：33-37.

［208］徐世烺.断裂力学［M］.北京：科学出版社，2011.

［209］TOUYA G, REESS T, PECASTAING L, et al. Development of subsonic electrical discharges in water and measurements of the associated pressure waves［J］.Journal of Physics, D. Applied Physics：A Europhysics Journal，2006，39(24)：5236-5244.

［210］OLSON A H, SUTTON S P. The Physical mechanisms leading to electrical breakdown in underwater arc sound sources［J］.The Journal of the Acoustical Society of America，1993，94(4)：2226-2231.

［211］JONES H M, KUNHARDT E E. The Influence of pressure and conductivity on the pulsed breakdown of water［J］.IEEE Transactions on dielectrics and electrical insulation,1994,1(6):1016-1025.

[212] 姚艳斌,刘大锰,黄文辉,等.两淮煤田煤储层孔-裂隙系统与煤层气产出性能研究 [J].煤炭学报,2006(2):163-168.

[213] 郁钟铭,赵彩云,曾正华.基于混沌-分形理论的煤矿采动裂隙发育规律研究[J].煤炭技术,2017,36(4):56-59.

[214] 赵静,冯增朝,杨栋,等.CT实验条件下油页岩内部孔裂隙分布特征[J].辽宁工程技术大学学报(自然科学版),2013,32(8):1044-1049.

[215] 王刚,沈俊男,褚翔宇,等.基于CT三维重建的高阶煤孔裂隙结构综合表征和分析 [J].煤炭学报,2017,42(8):2074-2080.

[216] 王磊,杨栋,燕俊鑫,等.煤体吸附解吸瓦斯规律及细观特征研究[J].煤矿安全,2017,48(6):1-4.

[217] HU K X, HUANG Y. Estimation of the elastic properties of fractured rock masses [J].International Journal of Rock Mechanic and Mining Sciences & Geomechanics Abstracts,1993,30(4):381-394.

[218] LIU C, SHI B, ZHOU J, et al. Quantification and characterization of microporosity by image processing, geometric measurement and statistical methods:Application on SEM images of clay materials[J]. Applied Clay Science,2011,54(1):97-106.

[219] 靳钟铭,康天合,弓培林,等.煤体裂隙分形与顶煤冒放性的相关研究[J].岩石力学与工程学报,1996,15(2):48-54.

[220] 钮彬炜.页岩水力压裂裂缝形态与延伸扩展规律的宏细观研究[D].重庆:重庆大学,2018.

[221] 苏秀云.Mimics软件临床应用[M].北京:人民军医出版社,2011.

[222] 郭海军,王凯,崔浩,等.型煤孔裂隙结构及其分形特征实验研究[J].徐州:中国矿业大学学报,2019,48(6):1206-1214.

[223] MELENK J M, BABUŠKA I. The partition of unity finite element method:basic theory and applications [J]. Computer Methods in Applied Mechanics and Engineering,1996,139:289-314.

[224] BELYTSCHKO T, BLACK T. Elastic crack growth in finite elements with minimal remeshing[J]. International Journal for Numerical Methods in Engineering,1999,45(5),601-620.

[225] LECAMPION B. An extended finite element method for hydraulic fracture problems [J].International Journal for Numerical Methods in Biomedical Engineering,2009,25(2):121-133.

[226] 曹嘉星.高压电脉冲水压致裂岩体宏细观损伤行为与规律研究[D].包头:内蒙古科技大学,2020.

[227] SHENG J C, LIU J, ZHU W C, et al. Stress Analysis of a Borehole in Saturated Rocks Under in situ Mechanical, Hydrological and Thermal Interactions[J].Energy Sources

Part A:Recovery,Utilization & Environmental Effects,2008,30(2):157-169.

[228] ZHOU Y, RAJAPAKSE R, GRAHAM J. A coupled thermoporoelastic model with thermo-osmosis and thermal-filtration[J].International Journal of Solids & Structures,1998,35(34):4659-4683.

[229] ZHU W C, WEI C H. Numerical simulation on mining-induced water inrushes related to geologic structures using a damage-based hydromechanical model[J].Environmental Earth Sciences,2011,62(1):43-54.

[230] 王晓川.射流割缝导向软弱围岩光面爆破机理及实验研究[D].重庆:重庆大学,2011.

[231] 刘健.低透气煤层深孔预裂爆破增透技术研究及应用[D].安徽:安徽理工大学,2008.

[232] 吕鹏飞.聚能爆破煤体增透及裂隙生成机理研究[D].徐州:中国矿业大学,2014.

[233] 张程娇.炸药爆轰产物参数的特征线差分反演方法研究[D].大连:大连理工大学,2000.

[234] 申卫兵,张保平.不同煤阶煤岩力学参数测试[J].岩石力学与工程学报,2000(S1):860-862.

[235] 冀占强.平煤六矿丁组煤高效开采区域瓦斯治理技术研究[D].焦作:河南理工大学,2015.

[236] 李恒乐.煤岩电脉冲应力波致裂增渗行为与机理[D].徐州:中国矿业大学,2015.